퍼스널 컬러 코디네이터

필기시험 완벽 가이드

퍼스널 컬러 코디네이터

필기시험 완벽 가이드

퍼스널 컬러 코디네이터

필기시험 완벽 가이드

퍼스널 컬러 코디네이터
필기시험 완벽 가이드

2017. 7. 25. 초 판 1쇄 발행
2021. 12. 3. 초 판 2쇄 발행

지은이 | 사단법인한국메이크업중앙회 KOREA MAKE-UP CENTRAL ASSOCIATION (박효원, 송서현, 유한나)
펴낸이 | 이종춘
펴낸곳 | BM (주)도서출판 성안당
주소 | 04032 서울시 마포구 양화로 127 첨단빌딩 3층(출판기획 R&D 센터)
      | 10881 경기도 파주시 문발로 112 파주 출판 문화도시(제작 및 물류)
전화 | 02) 3142-0036
      | 031) 950-6300
팩스 | 031) 955-0510
등록 | 1973. 2. 1. 제406-2005-000046호
출판사 홈페이지 | **www.cyber.co.kr**
ISBN | 978-89-315-8104-1 (13590)
정가 | **16,000원**

이 책을 만든 사람들
책임 | 최옥현
교정 · 교열 | 류지은
내지 디자인 | 최승혁, 박현정
표지 디자인 | 박현정
홍보 | 김계향, 이보람, 유미나, 서세원
국제부 | 이선민, 조혜란, 권수경
마케팅 | 구본철, 차정욱, 나진호, 이동후, 강호묵
마케팅 지원 | 장상범, 박지연
제작 | 김유석

1·2급 동시 대비

퍼스널 컬러 코디네이터

필기시험 완벽 가이드

사단법인한국메이크업미용사회
KOREA MAKE-UP CENTRAL ASSOCIATION

박효원 · 송서현 · 유한나 지음

PERSONAL COLOR
COORDINATOR

BM (주)도서출판 성안당

퍼스널 컬러에 대한 대중의 관심이 높아짐에 따라, 퍼스널 컬러 코디네이터 문제집을 출간하게 되어 매우 기쁘게 생각합니다.

과거의 획일화된 소비자의 욕구는 현대사회에 접어들며 매우 다양한 양상으로 나타나고 있습니다. '1:1 맞춤 컨설팅'이 낯설지 않은 만큼, 개개인에게 적합한 맞춤 마케팅이 필요한 시대입니다.

이러한 사회적 현상과 가치관의 변화로 인해 유행보다 중요하게 여겨지는 것은 개개인의 PI(Personal Identity, 퍼스널 아이덴티티)의 추구입니다. 퍼스널 컬러는 자신을 표현하는 매우 중요한 수단인 동시에 타인과 차별화 할 수 있는 경쟁력입니다.

이에 개개인의 퍼스널 컬러를 컨설팅해줄 수 있는 능력은 전문가가 갖추어야 할 필수역량이 되었습니다. 특히 메이크업 아티스트, 스타일리스트, 헤어컬러리스트, 네일 아티스트, 컬러 테라피스트를 꿈꾼다면 더욱 체계적인 학습이 필요합니다.

본 협회에서는 퍼스널컬러 역량을 갖춘 인재를 양성하기 위해 퍼스널 컬러 코디네이터 자격검정을 시행하고 있습니다. 응시자 수의 꾸준한 증가 추세는 개개인의 개성을 표현하고자 하는 욕구의 증대를 방증하고 있습니다. 이에 맞추어 본 교재가 퍼스널컬러 인재 양성의 초석이 되기를 바랍니다.

끝으로 이 문제집 발간을 위해 수고해 주신 송서현 교수, 박효원 이사, 유한나 감사께 감사드립니다. 여러분의 앞날에 행운이 가득하기를 기원합니다.

(사)한국메이크업미용사회 중앙회
회장 오세희

PART

02

실전 모의고사

소개 및 시험안내

우리 삶의 모든 곳에 각각의 색채가 존재하듯, 사람도 각자 "자신의 색"을 가지고 있다. 피부색, 눈동자색, 모발색 등 자신이 가지고 있는 퍼스널 컬러와 조화되는 색을 잘 사용할 때, 자신의 매력을 최대한으로 어필할 수 있다.

퍼스널 컬러 코디네이터는 미용산업(메이크업, 헤어, 네일, 에스테틱 등)과 패션산업(의상, 웨딩, 액세서리 등) 등에서, 개개인이 가지고 있는 퍼스널 컬러를 찾고, 잘 어울리는 색 및 스타일을 제안하는 "색채 전문가"이다.

직무내용

"퍼스널 컬러"란 피부색, 눈동자색, 모발색 등을 기준으로 분석할 수 있는, 개개인이 각자 다르게 지닌 신체색이다. "퍼스널 컬러 코디네이터"는 개개인의 신체색인 "퍼스널 컬러"를 분석하고, 각자의 퍼스널 컬러에 어울리는 색을 찾아 매력을 찾아주는 직업이다. 색채뿐 아니라 직업 및 라이프 스타일까지 고려하여 어울리는 색, 어울리지 않는 색부터 뷰티, 패션스타일에 이르는 각자의 이미지를 제안하는 색채 전문가이다.

퍼스널 컬러 코디네이터 민간자격

퍼스널 컬러 코디네이터 자격증의 관리운영규정은 「자격기본법」 제2조(민간자격의 등록) 제1항 제1호의 민간자격의 관리·운영에 관한 규정에 의거하여 작성된 규정이며, 동법 제17조 제2항과 같은 법 시행령 제23조 제1항에 따라 등록된 뷰티와 패션 분야에 필요한 컬러 활용 능력을 인증하는 자격 체계이다.

※ 민간자격등록번호 : 2015-004830

퍼스널 컬러 코디네이터 활용분야

• 신체색을 고려하여 각 개인에게 어울리는 색채를 분석, 계획, 적용
• 단지, 퍼스널 컬러에 어울리는 색채뿐 아니라, 어울리는 메이크업 컬러, 헤어 컬러, 패션 컬러 등을 제안
• 개인의 퍼스널 컬러를 참조하여 어울리는 메이크업, 헤어, 패션을 포함한 토탈 이미지와 스타일 제안
• 메이크업의 트렌드와 색조 제품의 개발, 연구, 교육 등에 적합
• 미용, 화장품, 패션, 방송, 공연, 마케팅 업계 등의 취업에 유리

퍼스널 컬러 코디네이터 응시자격

등급	응시자격
기술 강사	• 연령 : 해당없음 • 학력 및 경력 : 학력 해당없음, 경력 5년 이상 • 본회 퍼스널 컬러 코디네이터 검정시험 1급 취득자
1급	• 연령 : 해당없음 • 학력 및 경력 : 해당없음 • 본회 퍼스널 컬러 코디네이터 검정시험 2급 취득자
2급	• 연령 : 해당없음 • 학력 및 경력 : 해당없음 • 자격제한 없음

※ 2급, 1급 모두 동일 필기 합격(시험일자 기준) 후 1년 동안 유효
※ 기술강사의 강사인증세미나 수료에 대한 유효기간은 2년 동안 유효

퍼스널 컬러 코디네이터 주요 직무내용

등급	직무내용
기술 강사	• 퍼스널 컬러 코디네이터 전문교육강사 활동 • 퍼스널 컬러 트렌드 전문연구원 활동 • 뷰티, 패션 등 맞춤형 컬러제안 전문가로 활동 • 퍼스널 컬러 코디네이터 재교육 강사 활동
1급	• 퍼스널 컬러코디네이터 전문교육 강사 활동 • 퍼스널 컬러 트렌드 전문 연구원 활동 • 뷰티, 패션 등 맞춤형 컬러제안 전문가로 활동
2급	• 퍼스널 컬러 트렌드 전문 보조연구원 활동 • 뷰티, 패션산업 관련 퍼스널 컬러 전문가로 활동

퍼스널 컬러 코디네이터 자격검정 기준

등급	기준
기술 강사	사단법인 한국메이크업미용사회가 제정한 퍼스널 컬러 코디네이터 1급 자격을 취득한 자로서, 뷰티, 패션, 디자인 및 모든 산업에 걸친 필수적인 심화 이론과 실기 실력뿐 아니라, 전문적인 현장직무능력과 색채 관리 및 사용 능력을 보유하고, 원활하게 전달할 수 있으며, 컬러컨설팅 및 교육, 연구를 비롯하여 퍼스널 컬러 전문가에 대한 재교육이 가능한 색채 최고 전문가일 것
1급	사단법인 한국메이크업미용사회가 제정한 퍼스널 컬러 코디네이터 2급 자격을 취득한 자로서, 뷰티, 패션, 디자인 산업에 걸친 필수적인 심화 이론과 실기 실력뿐 아니라, 전문적인 현장직무능력과 색채 관리 및 사용 능력을 보유하고, 원활하게 전달할 수 있으며, 컬러컨설팅 및 교육, 연구가 가능한 색채 전문가일 것
2급	사단법인 한국메이크업미용사회가 제정한 퍼스널 컬러 코디네이터의 필수적인 이론을 비롯한 심화된 실무와 퍼스널 컬러 활용능력을 갖춘 색채 전문가일 것

소개 및 시험안내

퍼스널 컬러 코디네이터의 검정 방법 및 합격기준

등급 및 구분		검정 방법(점수)	합격기준
기술 강사	필기	과정 이수	12시간 과정 이수
	실기	논문형	총점 100점 중 70점 이상
1급	필기	60분간 객관식 및 주관식 • 객관식 50문항(80) • 주관식 서술형 4문항(20)	총점 100점 중 60점 이상
	실기	240분간 진단 및 논술 • 퍼스널 컬러 진단(40) • 계절별 메이크업 색채디자인(30) • 토탈 코디네이션 색채디자인(30)	총점 100점 중 70점 이상
2급	필기	60분간 80문제 • 객관식 80문항(100)	총점 100점 중 60점 이상
	실기	240분간 조색 및 배색 • 조색 2문제(20) • 계절별 메이크업 배색(30) • 토탈 코디네이션 배색(50)	총점 100점 중 70점 이상

퍼스널 컬러 코디네이터의 자격등급별 검정 과목

등급 및 구분		검정 과목
기술 강사	필기(과정이수형) (12시간)	기초색채론, 색 체계와 색채조화론, 톤과 이미지 배색, 퍼스널 컬러, 퍼스널 컬러 진단, 퍼스널 컬러 코디네이션
	실기 (논문형)	톤과 이미지 배색, 퍼스널 컬러, 퍼스널 컬러 진단, 퍼스널 컬러 코디네이션
1급	필기 (객관식+논술형)	기초색채론, 색 체계와 색채조화론, 톤과 이미지 배색, 퍼스널 컬러, 퍼스널 컬러 진단, 퍼스널 컬러 코디네이션
	실기 (작업형)	퍼스널 컬러 진단, 계절별 메이크업 색채디자인, 토탈 코디네이션 색채디자인
2급	필기 (객관식)	기초색채론, 색 체계와 색채조화론, 톤과 이미지 배색, 퍼스널 컬러, 퍼스널 컬러 진단, 퍼스널 컬러 코디네이션
	실기 (작업형)	조색, 계절별 메이크업 배색, 토탈 코디네이션 배색

퍼스널 컬러 코디네이터 필기시험 검정 과목별 주요 내용

검정방법	자격종목 및 등급	검정 과목(분야, 영역)	주요 내용
필기	1급, 2급	기초색채론	• 색채의 개념 • 색채 기본 이론 • 색의 혼합 • 색의 효과와 특성 • 색채 연상 • 한국의 전통색
		색 체계와 색채조화론	• 색 체계 • 색명에 의한 분류 • 색채조화론
		톤과 이미지 배색	• 톤의 개념 • 배색의 표현기법 • 형용사 이미지 배색
		퍼스널 컬러	• 퍼스널 컬러의 개념 • 퍼스널 컬러의 색상이론 • 퍼스널 컬러 유형에 따른 신체 색상의 특징
		퍼스널 컬러 진단 방법	• 식체 색상 육안측정 • 진단천을 이용한 컬러 진단 시 유의사항 • 베이스 진단 드레이핑 • 4계절 진단 드레이핑 • 4계절 컬러 진단 결과
		퍼스널 컬러 유형별 코디네이션	• 봄 유형 코디네이션 • 여름 유형 코디네이션 • 가을 유형 코디네이션 • 겨울 유형 코디네이션
실기	1급	퍼스널 컬러 진단	• 진단천을 이용한 퍼스널 컬러 진단
		퍼스널 컬러 색채디자인	• 계절별 메이크업 색채디자인 • 토탈 코디네이션 색채디자인
	2급	퍼스널 컬러 조색	• 피부톤 웜/쿨 이해하기 • 피부톤 조색하기
		퍼스널 컬러 배색	• 메이크업 컬러 배색 • 토탈 코디네이션 컬러 배색

소개 및 시험안내

퍼스널 컬러 코디네이터 응시원서 교부 및 접수

• 원서 다운로드 : 한국메이크업미용사회(www.kmakeup.or.kr)

• 접수방법 : 협회 홈페이지, 우편접수, 팩스접수, 협회 방문 접수, 단체 접수

 ※ 팩스 및 단체 접수의 경우 시험당일 증명사진을 별도로 제출하여야 함

• 접수 문의 : 사단법인 한국메이크업미용사회 중앙회 중앙사무국(☎ 02-515-1485)

• 우편 주소 : 서울특별시 강남구 논현로160길 13(신사동) 명진빌딩 2층

퍼스널 컬러 코디네이터 자격취득 비용

등급	시험응시 검정료		
	필기	실기	계
기술 강사	세미나 비용		약 200,000원
1급	55,000원	100,000원	155,000원
2급	55,000원	60,000원	115,000원

퍼스널 컬러 코디네이터 실기시험 준비물

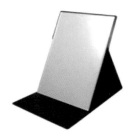

■1급■

■2급■

- 1급 준비물 : 퍼스널 컬러 진단천, 케이프, 상단거울, 스킨가이드
- 2급 준비물 : 전문가용 포스터 칼라, 전문가용 색종이, 붓(3자루 이상), 팔레트, 켄트지, 물통, 칼, 수정테
  이프, 가위, 자, 풀

단원별
예상문제

01 다음 중 색 지각의 3요소로 짝지어진 것은?

① 빛, 색, 프리즘
② 광원, 반사체, 관찰자
③ 광원, 눈, 지각
④ 반사체, 사물, 스펙트럼

Tip 색채 지각의 3요소는 광원(빛), 물체, 관찰자(눈)이다.

02 스펙트럼(Spectrum)에 대한 설명 중 옳은 것은?

① 빛을 분광시킬 수 있는 장치이다.
② 빛의 혼합에 의해 나타나는 현상이다.
③ 빛의 분광에 의해 나타나는 현상이다.
④ 색을 순서대로 둥글게 배열해 놓은 것을 말한다.

Tip ① 프리즘에 대한 설명이다.
④ 색상환에 관한 설명이다.

03 한낮의 태양빛과 밝기가 유사한 색 온도는?

① 2300K
② 3400K
③ 4300K
④ 6500K

04 인간이 볼 수 있는 가시광선의 영역은?

① 280~580nm
② 360~700nm
③ 340~980nm
④ 380~780nm

05 파장이 긴 순서대로 나열되어 있는 것은?

① 빨강 > 노랑 > 파랑
② 파랑 > 노랑 > 빨강
③ 노랑 > 빨강 > 파랑
④ 빨강 > 파랑 > 노랑

Tip 굴절률이 작고 파장이 긴 장파장의 색상은 빨강이고, 주황, 노랑, 초록, 청록, 파랑, 보라로 갈수록 파장이 짧아진다.

06 색과 관련한 설명으로 틀린 것은?

① 물체의 색은 빛이 거의 모두 반사된 색이 백색, 빛이 거의 모두 흡수된 색이 흑색이다.
② 장파장의 색들로는 빨강, 주황, 노랑이 있다.
③ 유리잔에 담긴 레드 와인(Red wine)은 장파장의 빛을 흡수하고, 그 외의 파장은 투과하여 붉게 보이는 것이다.
④ 불투명한 물체의 색은 표면의 반사율에 의해 결정된다.

Tip ③ 우리 눈은 물체에 반사된 빛을 색으로 인지한다. 레드 와인은 흡수되지 않고 반사된 장파장의 붉은 빛을 보게 되는 것이다.

정답 01 ② 02 ③ 03 ④ 04 ④ 05 ① 06 ③

07 태양광을 7가지 색으로 분광하여 가시광선을 발견한 사람은?

① 뉴턴
② 아인슈타인
③ 괴테
④ 먼셀

08 추상체와 간상체에 관한 설명 중 옳지 않은 것은?

① 추상체와 간상체는 눈의 구조 중 망막에 있는 시세포이다.
② 추상체는 주로 색상을 구별하고, 간상체는 명암을 구별하는 데 사용된다.
③ 간상체는 약 1억 2천만 개, 추상체는 약 650만 개 정도로 존재한다.
④ 추상체와 간상체는 빛이 있는 곳에서만 작용한다.

• Tip ▶ 간상체는 주로 어두운 곳에서, 추상체는 주로 밝은 곳에서 작용한다.

09 빛이 시각적 정보로 바뀌는 과정을 나타낸 순서로 가장 바른 것은?

① 빛 → 수정체 → 각막 → 홍채 → 유리체 → 망막 → 시신경 → 뇌
② 빛 → 각막 → 홍채 → 수정체 → 유리체 → 망막 → 시신경 → 뇌
③ 빛 → 각막 → 망막 → 홍채 → 수정체 → 유리체 → 시신경 → 뇌
④ 빛 → 망막 → 홍채 → 수정체 → 유리체 → 각막 → 시신경 → 뇌

10 색에 대한 설명으로 틀린 것은?

① 흰색, 회색, 검정 등 색상이 없는 계열의 색을 통틀어 무채색이라고 한다.
② 색의 순도는 색의 탁하고 선명한 정도를 나타내는 명도를 의미한다.
③ 인간이 분류할 수 있는 색의 수는 개인적 차이는 존재하지만 대략 750만 가지 정도이다.
④ 색의 강약을 채도라고 하며 눈에 들어오는 빛이 단일 파장으로 이루어진 색일수록 채도가 높다.

• Tip ▶ 색의 탁하고 선명한 강약의 정도를 나타내는 채도는 포화도 또는 순도라는 말로도 사용된다.

11 같은 물체라도 조명이 다르면 색이 다르게 보이나 시간이 갈수록 원래 물체의 색으로 인지하게 되는 현상은?

① 색 체계
② 색 검사
③ 색의 항상성
④ 색 지각

• Tip ▶ ③ 색의 항상성은 일종의 색순응 현상으로, 조명 등 관측 조건이 달라지더라도 시간이 지나면 순응하여 물체의 기존 색 그대로 색채를 지각하는 것을 말한다.

12 색상환표에서 가장 먼 거리를 두고 서로 마주보는 관계의 색채를 의미하는 것은?

① 한색
② 난색
③ 유사색
④ 보색

13 빛이 물체에 닿아 모든 빛을 흡수하면 무슨 색으로 나타나는가?

① 빨간색

② 흰색

③ 검은색

④ 파란색

14 다음 중 가산 혼합의 3원색이 아닌 것은?

① 빨강

② 노랑

③ 녹색

④ 파랑

15 색광의 혼합에서 빨강과 초록을 같은 밝기로 혼합할 때 나타나는 색은?

① 마젠타

② 노랑

③ 검정

④ 파랑

16 다음 중 감산 혼합의 기본 3원색이 아닌 것은?

① 노랑

② 초록

③ 빨강

④ 파랑

17 가산 혼합에 대한 설명으로 옳은 것은?

① 색료의 혼합이다.

② 모든 색을 합하면 검은색이 된다.

③ 색을 혼합할수록 명도가 높아진다.

④ 빨강과 노랑을 합하면 주황색이 된다.

18 병치 중간 혼합의 예시가 아닌 것은?

① 모자이크

② 직물의 직조에 의한 혼합

③ 인쇄 기법에 의한 혼합

④ 색팽이에 의한 혼합

19 색광의 혼합에서 보색 관계의 색광을 섞으면 나타나는 색은?

① 검정에 가까운 색

② 회색에 가까운 색

③ 흰색에 가까운 색

④ 파란색에 가까운 색

•정답 **13** ③ **14** ② **15** ② **16** ② **17** ③ **18** ④ **19** ③

20 컬러텔레비전에서 나타나는 혼색 방법으로 짝지어진 것은?

① 가산 혼합, 병치 혼합
② 감산 혼합, 병치 혼합
③ 가산 혼합, 회전 혼합
④ 감산 혼합, 회전 혼합

21 혼색에 대한 설명 중 틀린 것은?

① 빛의 혼합은 가법 혼색이다.
② 컬러인쇄는 병치 혼색이다.
③ 회전 혼색은 가법 혼색의 하나이다.
④ 점묘화는 감법 혼색을 응용한 작품이다.

> •Tip▶ 회전 혼색과 점묘화, 컬러인쇄는 중간 혼색이면서 가법 혼색이다. 직접 색을 섞은 것이 아니라, 각각의 색이 눈에 입사하여 하나의 색인 것처럼 착시 효과를 일으키는 것이다.

22 중간 혼색에 대한 설명 중 가장 거리가 먼 것은?

① 흰 종이와 검은 종이를 빠르게 교차시키면 착시에 의해 회색으로 보인다.
② 색팽이를 이용한 색의 혼합도 중간 혼색이다.
③ 빨강과 노랑을 교차시켜 바둑무늬로 칠한 후, 멀리서 보면 주황색으로 보인다.
④ 색을 혼합해도 밝아지거나 어두워지지 않는 혼색이다.

23 다음 중 중성색이 아닌 것은?

① 녹색
② 연두
③ 보라
④ 노랑

> •Tip▶ 따뜻한 색은 빨강, 주황, 노랑, 차가운 색은 파랑, 남색 등이 있다.

24 19세기 인상파 화가인 쇠라, 시냑의 점묘화법은 멀리서 보면 점들이 혼색되어 다른 색으로 보이는 점을 이용한 표현 예술이었다. 이것은 어떤 혼색의 결과인가?

① 회전 혼색
② 계시 가법 혼색
③ 병치 가법 혼색
④ 감법 혼색

25 영화관 등에서 경험하게 되는 것으로, 밝은 곳에서 갑자기 어두운 곳으로 들어가면 처음에는 앞이 제대로 보이지 않지만 몇 분 지나면 잘 보이게 되는 현상을 무엇이라 하는가?

① 명순응
② 암순응
③ 항상성
④ 식별성

> •Tip▶ 어둠에 적응하는 것을 암순응, 밝음에 적응하는 것을 명순응이라 한다.

26 정육점에 붉은 조명을 켰더니, 고기가 신선하게 보였다. 이는 색의 어떤 성질 때문인가?

① 색순응
② 색의 항상성
③ 명순응
④ 연색성

> •Tip▶ 연색성이란 조명이 물체색에 영향을 미치는 것으로, 같은 물체라도 조명에 따라 다른 색으로 지각되는 현상을 말한다. 하얀 도화지가 빨간 조명 아래서는 붉게, 노란 조명 아래서는 노랗게 보이게 되는 것이 그 예이다.

---

27 작은 색 견본으로 벽면과 같은 큰 면적의 색채를 선정하는 경우 주의가 필요하다. 이는 색의 어떤 효과 때문인가?

① 색의 대비 효과
② 색의 면적 효과
③ 색의 동화 효과
④ 색순응

> • Tip ▶ 동일인이 동일한 광원 아래에서 같은 색상의 물체를 보더라도 면적(크기)에 따라 색이 다르게 보이는 현상을 면적 효과라고 한다.

28 채도가 매우 높은 빨강 색지를 한참 보다가 갑자기 초록 색지를 보면, 초록색은 더 선명한 초록으로 보인다. 이처럼 앞의 잔상색이 다음의 색자극에 겹쳐서 생기는 현상을 무엇이라 하는가?

① 동시 대비
② 명도 대비
③ 연변 대비
④ 계시 대비

29 명도가 단계적으로 변하는 인접한 회색의 배열에서, 저명도의 경계 부분은 밝아 보이고, 고명도의 경계 부분은 어두워 보이는 현상을 무엇이라 하는가?

① 동시 대비
② 명도 대비
③ 연변 대비
④ 계시 대비

30 가시광선의 각 파장별로 우리 눈의 시세포의 감도가 달라, 어두울 때에는 밝을 때보다 단파장의 색인 푸른색이 붉은색보다 더 잘 보인다. 이러한 현상을 무엇이라 하는가?

① 색음 현상
② 푸르킨예 현상
③ 착시 현상
④ 면적 효과

31 흰색 배경의 회색은 실제보다 어두워 보이고, 검은색 배경의 회색은 실제보다 밝게 보이는 현상은 색의 어떠한 현상 때문인가?

① 명도 동화
② 명도 대비
③ 채도 동화
④ 채도 대비

> • Tip ▶ 명도 대비란 배경색에 의하여 그림색이 다르게 보이는 현상으로 똑같은 색도 배경이 밝으면 더 어두워 보이고, 배경색이 어두우면 상대적으로 그림색이 밝아 보인다.

32 명도 대비에 대한 설명 중 가장 거리가 먼 것은?

① 유채색보다 무채색에서 더 강하게 나타난다.
② 명도가 다른 두 색을 대비시키면, 밝은 색은 더 밝아 보인다.
③ 명도 차가 클수록 더 뚜렷하게 대비가 일어난다.
④ 색채는 검정 배경 위의 색이 가장 어둡게 보이고, 흰색 배경에서 가장 밝게 보인다.

> • Tip ▶ ④ 검정 배경 위에서 가장 밝아 보이고, 흰색 배경에서 가장 어둡게 보인다.

33 자주색 색지를 빨간 바탕 위에 놓았을 때보다 회색 바탕 위에 놓았을 때 더 선명하게 보이는 것은 어떤 대비 현상 때문인가?

① 색상 대비
② 명도 대비
③ 보색 대비
④ 채도 대비

> **Tip** 채도 대비는 채도차가 클 때 잘 나타난다.

34 색끼리 서로 영향을 주어서 인접색에 가까운 색으로 느껴지는 현상을 무엇이라 하는가?

① 대비 효과
② 동화 효과
③ 면적 효과
④ 동시 효과

35 잔상에 대한 설명으로 가장 거리가 먼 것은?

① 잔상이란 원자극이 제거되어도 시각적 흥분이 남아있는 현상이다.
② 원래 색상과 보색관계로 나타날 때 정의 잔상이라 한다.
③ 물체색의 잔상은 일반적으로 원래의 색상과 보색으로 나타난다.
④ 부의 잔상은 원자극과 형태가 비슷하게 나타난다.

> **Tip** 원자극과 같은 색상이 나타나는 것을 정의 잔상, 보색이 나타나는 것을 부의 잔상이라 한다.

36 동화 현상에 대한 설명으로 가장 거리가 먼 것은?

① 원래 자극과 같은 색의 자극으로 나타난다.
② 가는 줄무늬가 모여 있을 때에도 동화 현상이 일어난다.
③ 색의 음성적 잔상과 관련된다.
④ 동화 현상은 대상의 크기, 거리와 관계가 있다.

> **Tip** 동화 현상은 색의 양성적 잔상과 관련된 것이다. 대비 현상과 반대로 인접한 색의 영향으로 인접색에 가까운 색으로 변해보이는 현상을 말한다.

37 청록색을 가장 선명하게 보이게 하고 싶다면, 배경색은 무슨 색으로 하는 것이 좋은가?

① 빨간색
② 노란색
③ 회색
④ 검은색

38 다른 색에 비해 사람들의 시선을 끌어 눈에 쉽게 띄는 정도를 의미하는 것은?

① 상징성
② 운동성
③ 주목성
④ 정서성

39 색의 온도감에 가장 큰 영향을 미치는 색의 속성은?

① 색상
② 명도
③ 채도
④ 대비

40 다음 중 명시도가 가장 높은 것은?

① 검은색 바탕 위의 파란색
② 검은색 바탕 위의 빨간색
③ 흰색 바탕 위의 노란색
④ 검은색 바탕 위의 노란색

41 색채 조형에서 원근감 처리에 가장 효과적으로 쓰이는 색의 성질은?

① 보색 대비
② 면적 대비
③ 색의 진출과 후퇴
④ 색의 팽창과 수축

42 색채의 성질에 대한 설명으로 가장 올바른 것은?

① 동일한 명도, 채도일 때, 한색이 난색보다 가볍게 느껴진다.
② 저명도 색을 위에, 고명도의 색을 아래에 배치하면 안정감이 느껴진다.
③ 유채색보다 무채색이 주목성이 크다.
④ 저채도, 저명도의 색은 딱딱하게 느껴진다.

43 색의 3속성 중 명시성에 가장 큰 영향을 미치는 것은?

① 명도
② 채도
③ 순도
④ 색상

44 색에 대한 설명으로 알맞은 것은?

① 붉은 계열의 색은 난색, 후퇴색, 수축색이다.
② 푸른 계열의 색은 한색, 진출색, 수축색이다.

③ 붉은 계열의 색은 난색, 진출색, 팽창색이다.
④ 푸른 계열의 색은 한색, 후퇴색, 팽창색이다.

45 장시간 머무는 대합실 등에 가장 적합한 색은?

① 진출색
② 저명도의 색
③ 단파장의 색
④ 고채도의 색

●Tip▶ 대합실과 같은 장시간 머무르는 공간에 푸른 계통, 즉 단파장의 색을 배치하면, 시간이 더디게 가는 것 같이 느껴져 덜 지루하게 느껴진다.

46 흥분색과 진정색과 같은 색채의 감정적인 효과에 가장 큰 영향을 미치는 색의 속성은?

① 색상
② 명도
③ 채도
④ 순도

●Tip▶ 난색 계열은 흥분색, 한색 계열은 진정색에 속한다.

47 다음 중 색의 경연감에 주로 영향을 미치는 속성은?

① 색상
② 명도
③ 채도
④ 대비

● 정답　40 ④　41 ③　42 ④　43 ①　44 ③　45 ③　46 ①　47 ③

48 검은색 바탕의 종이 위에 채도가 높은 원색의 글자를 배치할 때, 다음 중 어느 색상이 가장 진출되어 보이는가?

① 빨강
② 노랑
③ 파랑
④ 보라

49 도로표지판은 주로 색의 어떤 성질을 이용한 것인가?

① 진출성
② 온도감
③ 명시성
④ 후퇴성

Tip 표지판은 눈에 잘 띄고, 알기 쉽게 정보를 전달하여야 한다.

50 색채의 중량감과 가장 관계가 깊은 것은?

① 명도
② 채도
③ 색상
④ 톤

51 다음 중 KS 색 체계에서 서로 보색 관계에 가까운 색은?

① 5YR–5RP
② 5GY–5P
③ 5G–5PB
④ 5Y–5B

Tip 색상환에서 연두색과 보라색은 보색 관계이다.

52 다음 중 진출하는 느낌의 색에 관한 설명으로 틀린 것은?

① 채도가 낮은 색보다 채도가 높은 색
② 어두운 색보다 밝은 색
③ 무채색보다 유채색
④ 따뜻한 색보다 차가운 색

53 색의 온도감에 대한 설명으로 가장 거리가 먼 것은?

① 난색은 활동적인 느낌을 준다.
② 한색은 평온하고 수동적인 느낌이다.
③ 장파장은 따뜻한 느낌이고, 단파장은 차가운 느낌이다.
④ 한색에는 노랑, 연두, 초록색이 있다.

Tip 노랑은 난색이다.

54 한색과 난색은 색의 어떤 속성을 기준으로 분류한 것인가?

① 색의 운동감
② 색의 중량감
③ 색의 면적감
④ 색의 온도감

55 팽창색과 거리가 먼 색은?

① 빨강
② 주황
③ 노랑
④ 파랑

●**정답** 48 ② 49 ③ 50 ① 51 ② 52 ④ 53 ④ 54 ④ 55 ④

56 다음 중 가장 후퇴하는 느낌에 가까운 색은?

① 청색
② 자주색
③ 노란색
④ 주황색

57 색채와 감정에 대한 설명 중 가장 거리가 먼 것은?

① 고명도, 고채도의 난색 계열의 색상은 차분한 느낌을 준다.
② 밝고 선명한 색은 쾌활함, 어두운 색은 차분함을 느끼게 한다.
③ 심리요법으로 우울증 환자에게 붉은 방에 머무는 처방을 내린다.
④ 한색은 기분을 진정시킨다.

58 주황색에 관한 설명으로 가장 거리가 먼 것은?

① 주목성이 높은 편이다.
② 경계를 표시하는 색이다.
③ 시감도가 낮은 색이다.
④ 고채도의 주황색은 식욕을 증진시킨다.

> **Tip** 주황색은 시감도가 높은 색이다.

59 다음 중 빨간색에 대한 설명으로 가장 거리가 먼 것은?

① 빨간색은 장파장 계열의 색상이다.
② 빨간색을 보면 혈압과 맥박이 증가된다.
③ 빨간색이 칠해진 방에 있으면 시간이 빨리 흐른다고 느껴진다.
④ 빨간색을 오래 보면 우울증, 슬픔, 의기소침한 증상이 증가된다.

60 무채색에 대한 설명으로 가장 거리가 먼 것은?

① 먼셀 색 체계에서 무채색의 명도 단계는 10단계이다.
② 색상과 채도는 느껴지지 않는다.
③ 무채색 중 회색은 밝아질수록 차갑게 느껴진다.
④ 저명도일수록 검은색에 가까워진다.

> **Tip** 먼셀 색 체계의 명도 단계는 11단계이다.

61 다음 중 색채의 연상이 잘못 연결된 것은?

① 빨강 – 불, 피, 위험
② 노랑 – 병아리, 경고, 희망
③ 보라 – 죽음, 허무, 절망
④ 흰색 – 설탕, 청결, 순수

> **Tip** 보라색은 고귀함, 우아한, 신비로움 등의 추상적 연상이 이루어진다.

62 적극, 희열, 건강함을 연상시키는 색상은?

① 파랑
② 보라
③ 주황
④ 회색

63 다음 중 색채의 연상이 잘못 연결된 것은?

① 파랑 – 생명, 활동, 정열
② 보라 – 고귀함, 우아한, 신비
③ 노랑 – 질투, 경고, 희망
④ 흰색 – 청결, 순수, 결백

> **Tip** 태양, 불, 피, 생명, 정열의 이미지를 연상시키는 색은 빨간색이다.

● **정답**   56 ①   57 ①   58 ③   59 ④   60 ①   61 ③   62 ③   63 ①

64 두 색이 가까이 있을 때 경계면에 닿아있는 부분이 먼 부분보다 강한 색채 대비가 일어나는 현상을 무엇이라 하는가?

① 연변 대비
② 한난 대비
③ 면적 대비
④ 보색 대비

> **Tip** 연변 대비란 두 가지 이상의 배색 경계선 근처에서 일어나는 대비 현상을 말한다.

65 강한 대비가 일어나는 배색으로 강렬하고 화려한 느낌의 배색은?

① 인접 색상 배색
② 유사 배색
③ 동일 배색
④ 보색 배색

66 형광등 조명일 경우 주의해야 할 메이크업 색상은?

① 하늘색, 파란색
② 노란색, 빨간색
③ 검정, 흰색
④ 살구색, 갈색

> **Tip** 형광등은 푸른 기가 돌아 색을 차가워 보이게 만들기도 한다.

67 백열등 아래서는 보라색의 아이 메이크업이 어떤 색으로 보이는가?

① 빨간색
② 어두운 보라색
③ 밝은 보라색
④ 붉은 보라색

> **Tip** 백열등은 붉은 빛을 방사하는 조명으로, 붉은 빛이 가미된 보라색으로 보이게 된다.

68 메이크업 색과 조명에 관한 설명으로 틀린 것은?

① 메이크업의 완성도를 높이는 데는 자연광선이 가장 이상적이다.
② 조명에 의해 색이 달라지는 현상은 저채도 색보다는 고채도 색에서 잘 일어난다.
③ 백열등은 장파장 계열로 사물의 붉은색을 증가시키는 효과가 있다.
④ 형광등은 보라색과 녹색의 파장 부분이 강해 사물을 시원하게 보이게 하는 효과가 있다.

> **Tip** 조명에 따라 색이 달라지는 현상은 조명색과 물체색(분장색)의 종류에 따라 각각 다르게 나타난다. 그러나 일반적으로 고명도의 색이 저명도의 색보다 색이 더 달라보이게 된다.

69 한국의 전통 색채 중 남쪽 방위를 상징하는 색은?

① 노랑
② 파랑
③ 빨강
④ 검정

> **Tip** 한국의 전통색인 오방색은 각각 파랑은 동쪽, 흰색은 서쪽, 중앙은 노랑, 검정은 북쪽, 빨강은 남쪽을 의미한다.

70 오간색에 대한 설명으로 가장 거리가 먼 것은?

① 오간색은 오정색 간의 혼합에 의해 만들어진 중간색이다.

② 홍, 자, 녹, 벽, 유황색이 있다.

③ 오간색은 음양오행에서 음에 해당하는 색이다.

④ 오간은 정방향의 동서남북의 방위를 나타낸다.

• Tip ▶ 오간색은 오정색, 즉 오방색의 중간색으로 음에 해당하며, 동서남북 각각의 중간을 의미하는 색이다.

71 오정색의 방향이 잘못 짝지어진 것은?

① 청색 – 동쪽

② 흑색 – 북쪽

③ 적색 – 중앙

④ 백색 – 서쪽

• Tip ▶ 적색은 남쪽, 홍색은 중앙을 의미한다.

72 오정색 중 봄과 동쪽, 신체 중 간장, 신맛을 상징하는 색은?

① 청색

② 흑색

③ 적색

④ 백색

73 오방색 중 가을과 서쪽을 상징하는 색은?

① 황색

② 흑색

③ 적색

④ 백색

74 다음 중 방위를 상징하는 색이 아닌 것은?

① 빨강

② 흰색

③ 노랑

④ 자주

75 오행과 오정색의 연결이 올바른 것은?

① 목(木) – 청(靑)

② 금(金) – 황(黃)

③ 토(土) – 백(百)

④ 화(火) – 흑(黑)

76 다음 중 전통 오정색과 관계가 없는 색은?

① 흑

② 자

③ 적

④ 황

• Tip ▶ 자색은 오간색이다.

• 정답 **70** ④   **71** ③   **72** ①   **73** ④   **74** ④   **75** ①   **76** ②

01 현색계의 색 체계가 아닌 것은?

① 먼셀
② XYZ
③ NCS
④ KS

> **Tip** 현색계의 대표적인 종류로는 한국산업규격 (KS), 먼셀, NCS, DIN, OSA/UCS 등을 들 수 있다.

02 우리나라에서 교육용으로 채택하여 사용하고 있는 표색계는?

① 먼셀 표색계
② CIE 표색계
③ 오스트발트 표색계
④ PCCS 표색계

> **Tip** 미국의 먼셀이 창안한 먼셀 표색계는 우리나라 공업규격(KS A 0062-71 : 색의 3속성 표기 방법) 과 교육용(교육부고시 제312호)으로 채택되어 사용하고 있다.

03 먼셀 표색계에 대한 설명으로 틀린 것은?

① 색상은 밸류(Value)로 표기한다.
② 채도는 크로마(Chroma)로 표기한다.
③ 색의 3원색인 3색을 기본색으로 구성하였다.
④ 3차원의 색입체를 구성하였다.

> **Tip** 먼셀 표색계는 색의 3속성에 따라 색상(Hue), 명도(Value), 채도(Chroma)로 규정하여 3차원적인 색입체를 구성하고 있다.

04 다음 색 중에서 가장 채도가 높은 색은?

① 7.5Y 3/8
② 7.5R 7/5
③ 6Y 9/13.5
④ 10B 2/7

> **Tip** H V/C에서 색상은 H, 명도는 V, 채도는 C로 표시하며 C(채도)값이 높을수록 선명한 색이 된다.

05 먼셀의 색상환에서 가장 거리가 멀고, 두 색을 혼합하면 무채색이 되는 것은?

① 반대색
② 유사색
③ 보색
④ 대조색

> **Tip** ① 반대색 : 색상환에서 반대편에 있는 색, 빨강과 남색, 빨강과 녹색 등
> ② 유사색 : 색상환에서 거리가 가까운 색, 빨강과 주황, 노랑과 주황 등
> ③ 보색 : 색상환에서 정반대에 있는 색, 빨강과 청록 등

06 먼셀의 표기법으로 5R 4/12는 무슨 색상인가?

① 복숭아색
② 카민
③ 주황
④ 갈색

> **Tip** 먼셀은 H V/C에서 H는 색상, V는 명도, C 채도로 표시하며 빨강 계열에서 채도가 높은 색은 카민이다.

● 정답 **01** ② **02** ① **03** ① **04** ③ **05** ③ **06** ②

07 한국산업규격(KS)에서 유채색 이름의 수식어로 틀린 것은?

① 연한

② 탁한

③ 어두운

④ 화사한

> **Tip** 연한 pale(pl), 탁한 dull(dl), 어두운 dark(dk)

08 먼셀의 색채 조화론에서 조화로운 배색의 평균 명도는 무엇인가?

① N2

② N5

③ N9

④ N7

> **Tip** 먼셀의 색채 조화론은 균형 이론으로, 회전 혼색법을 사용하여 두 개 이상의 색을 배색했을 때 이 결과가 N5인 것이 가장 안정된 균형을 이루며 조화되는 것을 말한다.

09 지각적 등보성이 가장 잘 확립되어있는 색 체계는 무엇인가?

① 오스트발트 색 체계

② 먼셀 색 체계

③ CIE 색 체계

④ XYZ 색 체계

> **Tip** 시각적으로 동일한 간격과 배열이 되어있는 것을 지각적 등보성이라고 하며, 먼셀의 색 체계가 대표적이다.

10 오스트발트 표색계의 특징으로 틀린 것은?

① 혼합하는 색의 양은 항상 100으로 한다.

② 순색을 W로 검정을 C로 한다.

③ 노랑, 파랑과 빨강, 초록을 기본색으로 한다.

④ 혼합량의 비율에 따라 등백 계열은 서로 조화한다.

> **Tip** 흰색 W, 검은색 B, 순색 C를 3가지 기본 색채로 한다.

11 다음에서 설명하는 색 체계는 무엇인가?

- 1979년 스웨덴 색채연구소 개발되었다.
- 스웨덴, 노르웨이 등 유럽 몇몇 국가에서 국제표준색 체계로 채택하였다.
- 색의 지각량을 문제로 하는 색채심리, 건축, 디자인 등의 분야에서 널리 사용된다.

① DIN

② PCCS

③ NCS

④ CIE

> **Tip** NCS는 색채를 순수한 심리현상으로 보고, 심리적 척도에 근거하여 인간의 지각량을 기술하고 있어 색의 지각량을 문제로 하는 색채심리, 건축, 디자인 등의 분야에서 널리 사용된다.

12 먼셀의 기본 5색으로 틀린 것은?

① 빨강

② 노랑

③ 파랑

④ 자주

> **Tip** 기본 5색은 빨강, 노랑, 파랑, 녹색, 보라이다.

● 정답 **07** ④   **08** ②   **09** ②   **10** ②   **11** ③   **12** ④

30 퍼스널 컬러 코디네이터 필기시험 완벽 가이드

13 모든 색채조화는 유사성의 조화와 대비에서 이루어 진다고 주장한 프랑스의 화학자는?

① 뉴톤

② 슈브럴

③ 루드

④ 문과 스펜서

• Tip ▶ 슈브럴(Michel Eugène Chevreul)은 색상과 톤에 의한 조화의 개념을 도입하여 "색채조화는 유사성의 조화와 대조에서 이루어진다"라고 주장하였다.

14 파버 비렌의 색채조화론은 어떤 색 체계의 이론을 수용하여 만들어진 것인가?

① 먼셀

② 슈브럴

③ 오스트발트

④ 뉴턴

• Tip ▶ 색 삼각형을 작도하여 순색 자리에 시각적, 심리학적 순색을 놓고 하양과 검정을 삼각형의 각 꼭짓점에 놓아 오스트발트 색채 체계 이론을 실용화하였다.

15 오스트발트 조화론에서 등가색환 조화 배색과 같은 배색 기법은 무엇인가?

① 톤인톤 배색

② 톤온톤 배색

③ 포까마이외 배색

④ 토널 배색

• Tip ▶ 톤인톤 배색은 톤은 일정하게 유지하면서 색상을 다르게 하는 경우로 등가색환 조화와 같은 배색 기법이다.

16 오스트발트 기호 표시법에서 특정색의 백색량이 20%이고, 흑색량이 45%라고 하면 색 함유량은 얼마인가?

① 15%

② 45%

③ 55%

④ 35%

• Tip ▶ 모든 색의 혼합량은 100%가 되어야 하므로 100 – 20 – 45 = 35%

17 옛날부터 습관적으로 사용되는 색으로 자주 사용되고 많은 사람들이 색을 연상할 수 있는 색명은?

① 일반색명

② 관용색명

③ 고유색명

④ 기본색명

• Tip ▶ ① 일반색명(계통색명) : 기본색명에 색상, 명도, 채도에 대한 각각의 수식어를 붙여 사용하는 색명이다.
② 관용색명 : 옛날부터 습관적으로 사용되는 색명. 지식이나 경험에 근거한 어휘로 표현하기 때문에 동물, 식물, 광물, 자연 현상, 지명(地名), 인명(人名) 등의 이름을 인용한 색명이다.
④ 기본색명 : 특별한 사물이나 이미지를 연상시키지 않는 색명이다.

18 관용색명 중에서 광물이나 원료의 이름이 아닌 것은?

① 코발트블루

② 에메랄드그린

③ 호박색

④ 피콕

• Tip ▶ 피콕(Peacock, 공작 꼬리의 색)은 동물의 이름이다.

19 미국의 색채학자 저드의 색채조화 원리가 아닌 것은?

① 유사성의 원리
② 질서의 원리
③ 동일성의 원리
④ 명료성의 원리

> **Tip** 저드의 색채조화 원리
> • 질서의 원리
> • 친근성의 원리
> • 유사성의 원리
> • 명료성의 원리

20 포토샵으로 사진의 밝기를 조정하였다면 먼셀의 3 속성 중 해당되는 것은?

① Value
② Chroma
③ Lightness
④ Hue

> **Tip** 명도는 색의 밝고 어두움으로 먼셀 기호에서 Value로 표기한다.

21 NCS 색 체계의 설명으로 틀린 것은?

① 헤링의 4원색설을 기본으로 한다.
② 노랑과 파랑, 초록과 빨강이 마주보고 있다.
③ 기본 8색을 3등분한 24색상 색상환을 만들었다.
④ 유럽의 몇몇 국가에서 국제표준 색 체계로 사용하고 있다.

> **Tip** 헤링의 4원색설을 기준으로 노랑(Yellow) – 파랑(Ultramarine blue), 빨강(Red) – 초록(Sea green)의 4색을 기본색으로 하고, 그 중간에 주황(Orange), 청록(Turquoise), 보라(Purple), 연두(Leaf green)의 4색을 넣어 각각을 3등분한 24색상으로 보색 색상환을 만들었다.

22 색의 유사 조화에 대한 설명으로 바른 것은?

① 비슷한 색들의 배색 조화를 말한다.
② 서로 반대되는 배색의 조화를 말한다.
③ 등간격의 배색에서 오는 조화이다.
④ 빨강과 청록과 같은 배색 조화를 말한다.

> **Tip** 유사 조화란 서로 비슷한 성격을 가진 색들이 배색되었을 때 조화를 말한다. 명도, 색상, 주조색 등의 조화로 구분된다.

23 배색 시 고려해야 될 사항으로 틀린 것은?

① 면적의 효과를 고려해야 된다.
② 목적과 기능에 맞는 배색이 되어야 한다.
③ 색의 심리적인 면을 고려한다.
④ 미적인 부분을 극대화한다.

> **Tip** 배색 시에는 기능성과 심미성, 목적성을 고려하여 합리적인 배색이 되도록 한다.

24 다음 중 연결이 잘못된 것은?

① NBS : 일본색채연구소
② DIN : 독일공업규격
③ NCS : 스웨덴 색채연구소
④ ISCC : 전미색채협회

> **Tip** ① NBS : 미국국가표준국

25 혼색계와 현색계에 대한 설명으로 틀린 것은?

① 현색계는 색지각의 심리적인 속성에 따라 분류되어 있다.

② 혼색계의 대표적인 색 체계는 먼셀 색 체계와 KS 한국산업표준을 들 수 있다.

③ 물체의 색을 표시하는 색 체계는 대체로 현색계이다.

④ 혼색계의 대표적인 색 체계는 CIE XYZ 표준 색 체계이다.

● Tip ▶ 현색계의 대표적인 색 체계는 먼셀 색 체계와 NCS 색 체계이다.

26 다음 중 독일에서 체계화된 색 체계가 아닌 것은?

① MUNSELL

② DIN

③ RAL

④ 오스트발트

● Tip ▶ ① MUNSELL : 미국의 화가이자 색채학자 MUNSELL에 의해 체계화된 색 체계이다.
② DIN : 오스트발트 색 체계를 기본으로 개발한 독일 공업규격 색표계
③ RAL : 독일에서 DIN에 의거하여 실용색채로 개발된 체계

27 CIE의 약자는 무엇을 나타내는 말인가?

① 국제색채위원회

② 유럽색채위원회

③ 국제조명위원회

④ 국제유행색협회

● Tip ▶ CIE(Commission International de l'Eclairage) : 국제조명위원회

28 먼셀 색 체계에 대한 설명으로 옳은 것은?

① 8색상을 기본으로 각각 3등분한 24색상환이다.

② 한국산업표준(KS)으로 사용된다.

③ 헤링의 반대색설을 기본으로 한다.

④ 색상, 명도, 뉘앙스의 3속성으로 표현한다.

● Tip ▶ 3속성은 색상, 명도, 채도이다.

29 먼셀의 기본 10색상에 해당하지 않는 것은?

① G

② YR

③ PR

④ R

● Tip ▶ 먼셀의 기본 10색은 R, YR, Y, GY, G, BG, B, PB, P, RP이다.

30 그림은 먼셀 색 체계를 나타낸 것이다. 가, 나, 다에 해당하는 것은?

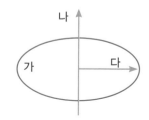

① 색상, 채도, 명도

② 채도, 명도, 색상

③ 색상, 명도, 채도

④ 채도, 명도, 색상

● 정답 　25 ②　　26 ①　　27 ③　　28 ②　　29 ③　　30 ③

31 먼셀 색 체계의 명도에 관한 설명으로 맞는 것은?

① 실제 관찰되는 명도는 2.5~9.5 단계이다.
② 명도에서 0은 완전한 검정이고, 10은 완전한 흰색이다.
③ 무광택 색표의 범위가 유광택 색표의 범위보다 넓다.
④ 번호가 증가하면 색의 밝기가 어두워진다.

Tip ① 실제 관찰되는 명도는 1.5~9.5단계이고, 번호가 증가할수록 밝아진다.
③ 명도의 재현에는 광택이 상당한 역할을 하며, 유광택 색표의 범위가 무광택 색표의 범위보다 넓다.
④ 번호가 증가하면 색의 밝기가 밝아진다.

32 먼셀 색입체를 수평으로 자른 면은 3속성 중 어느 것이 동일한가?

① 색상
② 명도
③ 채도
④ 뉘앙스

33 먼셀 색입체의 수직단면에 대한 설명 중 옳은 것은?

① 등명도면
② 등채도면
③ 등색조면
④ 등색상면

Tip 먼셀 색입체를 수직으로 잘랐을 때 동일한 색상 내에서 명도와 채도 차이를 확인할 수 있다.

34 먼셀의 색채표기법 기호로 옳은 것은?

① HC/V
② HV/C
③ CV/H
④ VH/C

Tip 3속성에 의한 먼셀 색표기법으로 색상기호 (H), 명도단계(V), 채도단계(C)의 순으로 표기한다.

35 먼셀의 색채표기법 기호 7.5Y 8/3에 대한 설명으로 옳은 것은?

① 색상 7.5Y, 명도 8, 채도 3
② 색상 7.5Y, 명도 3, 채도 8
③ 명도 7.5, 색상 Y, 채도 3
④ 명도 8, 색상 Y, 채도 7.5

36 KS 기준 색표시로 회 노랑(grayish Yellow) 색채는?

① 5Y 7/3
② 7.5Y 8/6
③ 5Y 5/1
④ 10Y 6/10

Tip 그레이시 톤은 중명도, 저채도이다.

37 한국산업표준(KS)은 어떤 색 체계에 기본을 두고 있는가?

① NCS
② DIN
③ Munsell
④ OSA/UCS

Tip Munsell 색 체계는 1964년 한국산업표준과 색채교육용으로 채택되었다.

---

38 다음 KS 관용색명 중 벽돌색과 가장 가까운 먼셀 기호는?

① 10YR 6/8

② 10R 3/6

③ 6YR 2/3

④ 5Y/7/10

> **Tip** 벽돌색은 탁한(dl) 적갈색으로 10R 3/6이 적합하다.

39 먼셀 색표가 5PB 3/10이다. 가장 관계있는 관용색명은?

① 코발트블루

② 인디고블루

③ 바다색

④ 사파이어색

> **Tip** 코발트블루는 산화코발트와 산화알루미늄을 반응시켜 만든 내광성이 좋은 청색 안료로 도자기나 유리의 착색제로도 쓰인다.

40 NCS 색 체계에 대한 설명으로 틀린 것은?

① NCS 표기법은 검은색도, 순색도, 색상의 순서로 표기한다.

② National Color System의 약자이다.

③ 헤링의 반대색설에 기초하여 색의 자연스러운 체계를 구조화하였다.

④ 흰색, 검은색, 빨강, 초록, 노랑, 파랑을 기본색으로 한다.

> **Tip** Natural Color System의 약자이다.

41 NCS 색 체계는 빨강, 초록, 노랑, 파랑 외 2가지를 추가하여 기본색으로 하여 각각의 구성비로 나타내고 있다. 나머지 2가지는 무엇인가?

① 흰색, 자주

② 보라, 자주

③ 주황, 청록

④ 흰색, 검정

42 NCS 색 체계에서 S2050−YR90Y 색상에 대한 설명으로 옳은 것은?

① 90%의 주황색도를 지니고 있는 노란색

② 노란색도 20%, 주황색도 30%를 지니고 있는 주황색

③ 90%의 노란색도를 지니고 있는 주황색

④ 검은색도 20%, 노란색도 50%를 지니고 있는 주황색

> **Tip** S2050−YR90Y : 검은색도 20%, 순색도 50%, 90%의 노란색도를 지니고 있는 주황색

43 NCS 색표기법으로 옳은 것은?

① S2030–Y90R

② R40B–5030

③ 10R 5/8

④ 10:YG–4.5–9S

> **Tip** 10:YG−4.5−9S PCCS 표기방법

44 오스트발트 색상환의 4가지 기준색이 아닌 것은?

① 빨강(Red)

② 초록(Sea green)

③ 연두(Leaf green)

④ 노랑(Yellow)

> •Tip▶ 오스트발트 색상환의 4가지 기준색은 빨강(Red), 초록(Sea green), 노랑(Yellow), 파랑(Ultramarine blue)이다.

45 관용색명 중에서 색명의 유래가 식물에서 따온 것은?

① 세피아(Sepia)

② 샐먼 핑크(Salmon pink)

③ 피콕그린(Peacock green)

④ 라일락(Lilac)

01 톤이란 색채의 3가지 속성 중 어느 것의 복합개념인가?

① 색상과 채도
② 명도와 채도
③ 채도와 질감
④ 색상과 명도

> **Tip** 톤은 3속성 중에서 명도와 채도를 복합시킨 개념으로 색의 명암, 강약, 농담 등 색조를 말한다.

02 톤의 개념과 다른 것은?

① 톤의 체계는 물리적 색 체계이다.
② 톤의 체계는 심리적 색 체계이다.
③ 같은 톤의 색은 색상이 바뀌어도 감정 효과가 동일하다.
④ 색의 이미지를 표현할 때 적합하다.

> **Tip** 톤의 체계는 물리적 색 체계와 다른 심리적 색 체계로 같은 톤의 색은 색상이 바뀌어도 그 감정 효과는 동일하다.

03 톤 분류 맵(map)의 특징에 맞지 않은 것은?

① 오른쪽으로 갈수록 채도가 높아진다.
② 왼쪽에는 채도가 낮은 톤이 있다.
③ 아래로 갈수록 어두운 톤이다.
④ 위로 갈수록 명도가 낮아진다.

> **Tip** 위로 갈수록 명도는 높아진다.

04 유채색 중 가장 밝은 톤은?

① 라이트 그레이시 톤
② 라이트 톤
③ 화이티시 톤
④ 소프트 톤

> **Tip** 화이티시(whitish, 흰) 톤은 비비드 톤에 약 10배의 흰색을 섞어 만들어, 흰색이 주를 이루는 가장 밝고 부드러운 톤이다.

05 유채색 중 가장 어두운 톤은?

① 비비드 톤
② 딥 톤
③ 블래키시 톤
④ 다크 그레이시 톤

> **Tip** 블래키시(blackish, 검은) 톤은 명도가 가장 낮고 검정에 가까운 색으로 무게감이 느껴지는 남성적인 이미지이다.

06 고상하고 소박하며 수수한 느낌을 주는 톤은?

① 딥 톤
② 다크 톤
③ 라이트 톤
④ 덜 톤

> **Tip** 덜(dull) 톤은 비비드 톤에 회색을 가미한 바랜 듯하고 가라앉은 톤으로 차분하고 고상한 이미지이다.

정답 **01** ② **02** ① **03** ④ **04** ③ **05** ③ **06** ④

07 밝은 톤에 속하지 않는 것은?

① 덜 톤
② 라이트 톤
③ 페일 톤
④ 화이티시 톤

> **Tip** 덜(dull) 톤은 중명도 톤이다.

08 차분한 톤에 속하지 않은 것은?

① 라이트 그레이시
② 그레이시
③ 라이트
④ 소프트

> **Tip** 라이트(light, 밝은) 톤은 비비드 톤에 흰색을 소량 섞어 만든 톤으로 밝고 맑다.

09 자유분방함을 강조하는 캐주얼, 스포티, 팝 스타일 패션에 잘 어울리는 톤은?

① 화이티시 톤
② 소프트 톤
③ 딥 톤
④ 비비드 톤

> **Tip** 비비드(vivid, 선명한) 톤은 중명도, 고채도 원색의 선명한 톤으로 스포티, 캐쥬얼, 다이내믹 이미지 표현에 활용된다.

10 비비드보다 부드러우며 귀엽고 캐주얼한 이미지를 연출하기에 적합한 톤은?

① 화이티시 톤
② 라이트 톤
③ 페일 톤
④ 라이트 그레이시 톤

> **Tip** 라이트(light, 밝은) 톤은 비비드 톤에 흰색을 소량 섞어 만든 톤으로 귀엽고 캐주얼한 이미지에 주로 사용한다.

11 침착하고 중후하며 고급스러운 이미지를 연출하기에 적합한 톤은?

① 스트롱 톤
② 라이트 그레이시 톤
③ 딥 톤
④ 덜 톤

> **Tip** 딥(deep, 진한) 톤은 비비드에 비해 명도, 채도가 낮아 깊고 짙은 톤으로 침착하고 중후하고 고급스러운 이미지를 나타낸다.

12 가볍고 부드러운 느낌을 주며 여성스럽고 감미로운 것이 특징인 톤은?

① 페일 톤
② 라이트 그레이시 톤
③ 비비드 톤
④ 라이트 톤

> **Tip** 페일 톤은 비비드 톤에 약 6배의 흰색을 섞어 만든 부드럽고 가벼운 톤이다. 여성스럽고 맑은 이미지를 표현하는데 활용된다.

13 지나치게 밝거나 어둡지 않은 중간 정도의 명도와 채도로 은은한 이미지를 주는 톤은?

① 페일 톤
② 화이티시 톤
③ 소프트 톤
④ 라이트 톤

> **Tip** 소프트(soft, 흐린) 톤은 중명도, 중채도로 은은하고 수수한 톤이다. 차분하고 편안한 내추럴한 이미지나 은은하고 온화한 이미지에 주로 사용된다.

● 정답　07 ①　08 ③　09 ④　10 ②　11 ③　12 ①　13 ③

14 매우 부드럽고 귀여운 이미지로 유아복에 흔히 사용되는 톤은?

① 라이트 톤
② 덜 톤
③ 라이트 그레이시 톤
④ 화이티시 톤

> **Tip** 화이티시(whitish, 흰) 톤은 흰색이 주를 이루는 가장 밝고 부드러운 톤이다. 어린아이와 같이 순수하고 맑고 연약한 이미지를 주로 유아복이나 로맨틱한 여성복에 많이 사용된다.

15 세련되고 우아한 이미지이면서 동시에 도시적인 세련미를 표현할 수 있는 톤은?

① 딥 톤
② 라이트 그레이시 톤
③ 다크 톤
④ 페일 톤

> **Tip** 라이트 그레이시(light grayish, 밝은 회) 톤은 은은하고 수수한 이미지로 도시적인 세련미의 시크나 자연스럽고 안정된 내추럴한 이미지에 사용된다.

16 톤의 한글 표현으로 바르게 짝지어지지 않은 것은?

① vivid – 선명한
② dull – 차분한
③ light – 맑은
④ deep – 진한

> **Tip** light – 밝은

17 명도 차가 큰 배색의 특징으로 적합한 것은?

① 명확하고 명쾌한 느낌이다.
② 점잖고 안정된 느낌을 준다.
③ 부드럽고 은은한 느낌이다.
④ 자극적인 강한 화려한 느낌을 준다.

> **Tip** 명도 차가 작은 고명도의 배색은 밝고 경쾌하고, 명도 차가 큰 배색은 명확하고 명쾌한 느낌이다.

18 대조 톤 배색의 특징으로 적합한 것은?

① 색상에 따라 차가운 색상을 취할 때 대비가 강해진다.
② 강하고 명쾌함과 자극적인 느낌을 줄 수 있다.
③ 부드럽고 은은한 느낌이다.
④ 통일감이 있으며 톤인톤(Tone In Tone) 배색이라고도 한다.

> **Tip** 대조 톤 배색이란 멀리 떨어져 있는 톤의 배색으로 강하고 명쾌함과 자극적인 느낌을 줄 수 있다.

19 유사 톤 배색의 특징으로 적합한 것은?

① 색상이 동일한 경우 명도 차가 적으면 온화한 느낌이 든다.
② 색상이 동일한 경우 명도 차가 크면 점잖은 느낌이 든다.
③ 명쾌하고 분명한 느낌이 든다.
④ 따뜻한 색상을 취할 때 대비가 강하다.

> **Tip** 유사 톤 배색이란 바로 인접해 있는 톤의 배색으로 전체적으로 안정감과 차분함을 줄 수 있다.

● **정답** **14** ④ **15** ② **16** ③ **17** ① **18** ② **19** ①

20 대조 톤 배색의 조합이 아닌 것은?

① 페일 톤과 화이티시 톤
② 비비드 톤과 라이트 그레이시 톤
③ 페일 톤과 딥 톤
④ 라이트 톤과 다크 톤

●Tip 페일 톤과 화이티시 톤은 유사 톤 조합이다.

21 동일 또는 유사색상을 2가지 이상의 톤으로 조합한 배색으로 색상은 같고 색조가 다른 배색은?

① 톤인톤 배색
② 그라데이션 배색
③ 토널 배색
④ 톤온톤 배색

●Tip 톤온톤(Tone On Tone) 배색은 톤을 중첩시킨 배색이란 의미로 동일색상에서 톤을 변화시키는 배색이다.

22 모노톤 배색과 동의어로 같은 톤끼리의 배색은?

① 톤온톤 배색
② 톤인톤 배색
③ 그라데이션 배색
④ 도미넌트 배색

●Tip 톤인톤(Tone In Tone) 배색은 색상에 차이를 주면서 톤은 같거나 유사하게 배색한다. 온화하고 부드러운 효과를 준다.

23 거의 동일한 색에 가까운 색을 사용하여 미세한 명도 차이를 주는 배색으로 톤온톤 배색과 유사하나 색상과 톤의 변화 폭이 적은 배색은?

① 토널 배색

② 까마이외 배색
③ 그라데이션 배색
④ 도미넌트 배색

●Tip 까마이외(Camaieu) 배색은 동일한 색상에서 약간의 톤 차이를 이용한 배색 방법이다. 색의 차이는 미묘하나 부드럽고 안정된 분위기를 준다.

24 색이나 형태, 질감 등에 공통되는 조건을 통하여 전체에 통일감을 주는 배색은?

① 톤인톤 배색
② 토널 배색
③ 그라데이션 배색
④ 도미넌트 배색

●Tip 도미넌트(Dominant) 배색은 '지배적인'이라는 뜻으로 색이나 형태, 질감 등의 공통된 조건으로 전체에 통일감을 주는 방법이다.

25 한국인을 대상으로 SD법(Semantic Differential method)을 통해 크게 12가지 키워드 및 세부 키워드를 추출하여 제작한 이미지 스케일을 무엇이라 하는가?

① 단색 이미지 스케일
② 형용사 이미지 스케일
③ 배색 이미지 스케일
④ 그레이 스케일

●Tip SD법으로 12가지 대표 키워드를 추출하여 제작한 이미지 스케일은 세부 형용사를 함께 작성한 형용사 이미지 스케일, 각 대표 단색을 표현한 단색 이미지 스케일, 형용사 이미지를 표현할 수 있는 배색 그룹으로 표현한 배색 이미지 스케일의 3가지 종류가 있다.

●정답 **20** ① **21** ④ **22** ② **23** ② **24** ④ **25** ②

26 컬러 이미지 스케일 상에서 세로축에 해당되는 기준은 무엇인가?

① 부드러운(Soft), 동적인(Dynamic)
② 부드러운(Soft), 딱딱한(Hard)
③ 동적인(Dynamic), 딱딱한(Hard)
④ 동적인(Dynamic), 정적인(Static)

> **Tip** 컬러 이미지 스케일 상에서 세로축은 "부드러운(Soft), 딱딱한(Hard)"을 기준으로 한다.

27 컬러 이미지 스케일 상에서 가로축에 해당되는 기준은 무엇인가?

① 부드러운(Soft), 동적인(Dynamic)
② 부드러운(Soft), 딱딱한(Hard)
③ 동적인(Dynamic), 딱딱한(Hard)
④ 동적인(Dynamic), 정적인(Static)

> **Tip** 컬러 이미지 스케일 상에서 가로축은 "동적인(Dynamic), 정적인(Static)"을 기준으로 한다.

28 사랑스럽고 낭만적인 소녀의 느낌을 갖는 핑크(Pink), 옐로우(Yellow), 그린(Green) 계통의 비비드(vv), 라이트(lt), 페일(pl) 톤의 색조가 주를 이루는 이미지는?

① 귀여운
② 우아한
③ 온화한
④ 화려한

> **Tip** 귀여운 어린아이들의 천진난만한 밝은 이미지로 비비드(vv), 라이트(lt), 페일(pl) 톤 등을 주로 사용한다.

29 비비드(vv), 기본 톤의 고채도 색상과 다크(dk) 톤의 저채도 색상 배색을 통해 화려하고 역동적인 강한 힘을 갖는 이미지는?

① 경쾌한 이미지
② 다이내믹 이미지
③ 맑은 이미지
④ 모던한 이미지

> **Tip** 다이내믹(Dynamic)은 역동적이며 강력한 힘과 에너지가 연상되는 이미지이다. 비비드(vv), 기본, 딥(dp) 톤 등의 고채도 색상과 대조되는 다크(dk) 톤이나 N1.5를 이용하여 선명하고 활동성이 느껴지도록 배색한다.

30 정적이며 남성적인 면이 강한 그레이시(gr), 덜(dl), 다크(dk) 톤과 무채색을 주로 표현하여 딱딱함을 갖는 이미지는?

① 화려한 이미지
② 모던한 이미지
③ 점잖은 이미지
④ 다이내믹 이미지

> **Tip** 점잖은(Courtesy) 이미지는 저채도, 저명도의 덜(dl), 다크(dk) 톤 등을 이용하여 딱딱하고 탁한 무거운 느낌이 되도록 배색한다.

31 배색에 대한 설명으로 틀린 것은?

① 채도차가 큰 배색에서는 색의 면적을 조절해서 안정된 느낌을 갖게 한다.

② 명확한 배색을 위해서는 명도 차이를 크게 한다.

③ 다색의 배색에서 대비가 지나치게 강할 경우 분리색을 삽입하여 완화시킨다.

④ 화려하고 강렬한 느낌의 배색에는 색상차를 적게 하여 배색한다.

• Tip ▶ 화려하고 강렬한 느낌의 배색에는 색상차를 크게 하여 배색한다.

32 주로 무채색, 금색, 은색 등을 두 색 사이에 삽입하여, 두 색을 분리하고 미적 효과를 높일 수 있는 배색은?

① 세퍼레이션 배색

② 반대 색상 배색

③ 톤인톤 배색

④ 톤온톤 배색

• Tip ▶ 세퍼레이션 배색은 분리색으로 주로 무채색을 사용하며, 제품에 사용할 경우 금색, 은색 등의 메탈릭 컬러가 쓰이기도 한다.

33 색채의 심미적 효과에 대한 설명으로 틀린 것은?

① 하나의 색만으로 의미나 상징, 조화를 이루는 것은 아니다.

② 배색이란 2가지 이상 색을 서로 어울리게 배열하여 미적 효과를 높이는 것이다.

③ 유사 색상 배색에는 톤 변화를 주어 조화롭게 한다.

④ 중량감과 명료성은 채도를 기준으로 하는 배색이다.

• Tip ▶ 가볍거나 무거운 느낌, 눈에 띄게 하는 배색 효과는 명도를 기준으로 한다.

34 화려한 주제의 패션쇼 메이크업을 위한 색채 배색으로 옳은 것은?

① 동일 배색

② 유사 배색

③ 대조 배색

④ 톤인톤 배색

• Tip ▶ 대조 배색은 대비 효과가 강하게 나타나서 화려한 이미지를 준다.

35 분리색의 배색 효과에 대한 설명으로 틀린 것은?

① 두 색 간의 대비가 지나치게 강할 때 쓰인다.

② 배색이 단조로울 때 강조하기 위해 쓰인다.

③ 분리색으로 무채색, 금색, 은색 등이 쓰인다.

④ 스테인드글라스, 텍스타일 디자인에 많이 쓰인다.

• Tip ▶ 두 색 간의 대비가 지나치게 강할 때 대립을 완화시키기 위해 분리색을 사용한다.

36 디자인 원리 중에서 일정한 리듬감을 표현하기 가장 적합한 배색은?

① 악센트 배색

② 토널 배색

③ 그라데이션 배색

④ 도미넌트 배색

• Tip ▶ 그라데이션 배색은 색의 3속성 중 하나 이상의 속성이 일정한 간격을 두고 자연스럽게 변화하도록 배색하는 방법이다.

• 정답   **31** ④   **32** ①   **33** ④   **34** ③   **35** ②   **36** ③

37 다음 배색 중 주조색과 보조색이 유사색 배색이고, 악센트를 주기 위해 주조색과 대조되는 색으로 강조색을 사용한 것은?

① 연한 노랑 상의에 밝은 주황 하의를 입고 짙은 파랑 숄더백을 착용하였다.

② 어두운 빨강 상의에 어두운 남색 하의를 입고 선명한 노랑 벨트를 착용하였다.

③ 연한 파랑 상의에 밝은 노랑 하의를 입고 초록색 벨트를 착용하였다.

④ 회색 상, 하의 정장에 선명한 보라색 스카프를 착용하였다.

38 2색 이상의 배색을 되풀이하여 일정한 질서를 주고 통일감을 높여주는 배색은?

① 악센트 배색

② 반복 배색

③ 그라데이션 배색

④ 세퍼레이션 배색

•Tip▶ 반복 배색은 통일감과 융화감을 주며 체크, 바둑판 무늬, 타일 배색 등에 사용된다.

39 중명도, 중채도인 덜(dull) 톤을 중심으로 한 배색 방법으로 차분한 이미지가 강조되는 배색은?

① 톤온톤 배색

② 토널 배색

③ 포까마이외 배색

④ 톤인톤 배색

•Tip▶ 토널 배색의 느낌은 톤인톤과 비슷하나 중명도, 중채도인 중간 색조를 중심으로 배색한다.

40 다음의 색채의 배색 방법 중 가장 온화한 느낌을 주는 배색 방법은?

① 트리콜로 배색

② 악센트 배색

③ 세퍼레이션 배색

④ 포까마이외 배색

•Tip▶ 포까마이외 배색이란 까마이외 배색에서 색상과 톤에 약간의 변화를 준 배색 방법으로 톤이나 색상차이가 적어 온화한 느낌을 준다.

41 비콜로 배색에 대한 설명으로 틀린 것은?

① 비콜로는 바이컬러(Bicolor)와 같은 의미이다.

② 프랑스 국기 배색이 대표적이다.

③ 주로 흰색과 채도 높은 비비드 톤의 색상을 사용한다.

④ 상징성이 강한 국기 배색에 사용한다.

•Tip▶ 프랑스 국기는 트리콜로 배색이다.

42 고채도의 다양한 색상으로 배색하는 방법으로 적극적이고 활동적인 느낌을 주는 배색은?

① 트리콜로 배색

② 악센트 배색

③ 멀티컬러 배색

④ 까마이외 배색

43 컬러 이미지 스케일(Color image scale)이 설립된 연도와 설립한 사람이 올바르게 짝지어진 것은?

① 1918, 오스트발트
② 1942, 헤링
③ 1943, 먼셀
④ 1996, 시게노부 고바야시(Shigenobu kobayashi)

• Tip ▶ 컬러 이미지 스케일은 1996년 일본의 시게노부 고바야시에 의해 설립된 "일본색채디자인 연구소"에서 개발되었다.

44 형용사 이미지 스케일상에서 이미지를 표현하는 형용사는 대략 몇 개인가?

① 약 140개
② 약 160개
③ 약 180개
④ 약 200개

• Tip ▶ 이미지 스케일은 대략 160개 정도의 이미지를 표현하는 형용사로 정리되어 있다.

45 형용사 이미지 스케일의 키워드와 비슷한 이미지의 색들 간의 조합을 표현한 이미지 스케일은?

① 단색 이미지 스케일
② 형용사 이미지 스케일
③ 그레이 스케일
④ 배색 이미지 스케일

46 귀여운 이미지 배색 기법으로 적당하지 않은 것은?

① 톤인톤 배색
② 동일색상 유사색조 배색
③ 대조색상 동일색조 배색
④ 대조색상 대조색조 배색

• Tip ▶ 귀여운 이미지 배색 기법으로는 톤인톤 배색, 동일색상 유사색조 배색, 유사색상 유사색조, 대조색상 동일색조 배색 기법이 사용된다.

47 스트롱(s), 딥(dp) 톤 등으로 강하지만 레드 계열이나 퍼플 계열이 주를 이루어 성숙하고 매력적인 이미지는?

① 우아한 이미지
② 온화한 이미지
③ 화려한 이미지
④ 고상한 이미지

48 인위적이지 않아 계속 보아도 싫증이 나지 않고, 마음에 평온을 가져다주는 이미지는?

① 맑은 이미지
② 내추럴 이미지
③ 점잖은 이미지
④ 고상한 이미지

49 내추럴 이미지의 배색 기법으로 적당하지 않은 것은?

① 동일색상 유사색조 배색
② 대조색상 대조색조 배색
③ 유사색상 유사색조 배색
④ 톤인톤 배색

• Tip ▶ 대조색상 대조색조 배색은 동적이고 강한 이미지를 준다.

50 다음 중 우아한 이미지의 배색 기법으로 적당하지 않은 것은?

① 동일색상 유사색조 배색

② 까마이외 배색

③ 포까마이외 배색

④ 세퍼레이션 배색

• Tip ▶ 세퍼레이션 배색은 색상 대비가 심할 경우 완화시킬 때 분리색을 사용한다.

51 다음 중 점잖은 이미지의 배색 기법으로 적당하지 않은 것은?

① 트리콜로 배색

② 동일색상 유사색조 배색

③ 톤온톤 배색

④ 톤인톤 배색

• Tip ▶ 트리콜로 배색은 상징성이 강한 국기 배색에 많이 쓰인다.

52 전통성과 윤리성이 존중되며, 깊이감과 격조감 있는 어두운 색조를 기조색(Base color)으로 갖는 이미지는?

① 은은한 이미지

② 점잖은 이미지

③ 고상한 이미지

④ 내추럴 이미지

• Tip ▶ 고상한 이미지는 깊이감이 있는 어두운 색조를 기조색으로 유행에 좌우되지 않고 오랜 세월동안 가치가 인정되는 색상으로 베이지, 브라운, 와인골드, 다크그린 등이 어울린다.

53 배색에 있어 대조(Contrast)가 가장 심한 분리 배색을 갖는 이미지는?

① 화려한 이미지

② 모던한 이미지

③ 귀여운 이미지

④ 경쾌한 이미지

• Tip ▶ 모던한 이미지는 화이트, 블랙 등 무채색과 차가운 계열의 블루, 그린을 중심으로 선명하고 무거운 색조로 심플하게 표현한다.

01 퍼스널 컬러의 개념에 대한 설명으로 가장 거리가 먼 것은?

① 자신에게 가장 잘 어울리는 색이다.
② 신체색과 조화되는 색이다.
③ 가장 좋아하는 색이다.
④ 호감 있는 이미지로 만들어주는 색이다.

• Tip ③ 선호색에 대한 설명이다. 선호색과 퍼스널 컬러가 일치하는 경우가 많긴 하지만, 이론적 개념은 다르므로 유의한다.

02 퍼스널 컬러에 대한 설명으로 가장 거리가 먼 것은?

① 19세기 초반 괴테의 색채 이론에서 출발하였다.
② 19세기 중반 프랑스에서 퍼스널 컬러 이론이 개발되었다.
③ 20세기 미국을 중심으로 조화로운 배색 방법이 연구되었다.
④ 20세기 중반에는 개인을 대상으로 한 컬러컨설팅이 등장하였다.

• Tip 퍼스널 컬러는 괴테의 양의 색, 음의 색 개념으로부터 출발하여 신체색을 웜톤과 쿨톤으로 분류하게 되었다. 20세기 미국에서 퍼스널 컬러에 대한 연구가 본격적으로 이루어졌으며, 개인의 컬러컨설팅에 이르게 되었다.

03 퍼스널 컬러를 진단할 때, 주로 진단하게 되는 신체 부위가 아닌 것은?

① 모발색
② 입술색
③ 얼굴 피부색
④ 눈동자색

• Tip 퍼스널 컬러는 주로 피부색, 눈동자색, 모발색을 기준으로 진단한다.

04 어울리는 퍼스널 컬러를 활용할 때의 변화로 가장 거리가 먼 것은?

① 얼굴 피부가 깨끗해 보인다.
② 실제보다 젊어 보인다.
③ 나이보다 성숙해 보인다.
④ 자신감 향상에 도움이 된다.

05 쿨톤의 핑크빛 피부톤에 가장 잘 어울리는 컬러는?

① 페일 핑크
② 올리브 그린
③ 골든 옐로우
④ 다크 브라운

• Tip 올리브 그린, 골든 옐로우, 다크 브라운은 웜톤 유형에 잘 어울리는 컬러이다.

06 웜톤의 노르스름한 피부톤에 가장 잘 어울리는 컬러는?

① 라일락
② 페일 핑크
③ 화이티시 블루
④ 레드 오렌지

• Tip 페일 핑크, 화이티시 블루, 라일락 같이 파스텔 톤의 색은 쿨톤의 여름 유형에 어울린다.

• 정답   **01** ③   **02** ②   **03** ②   **04** ③   **05** ①   **06** ④

07 퍼스널 컬러의 진단 요소로 가장 거리가 먼 것은?

① 모발의 색과 두께
② 피부톤
③ 모발의 양
④ 피부의 투명감

> **Tip** 퍼스널 컬러에서는 모발의 양을 진단 요소로 사용하지 않는다.

08 가을 타입의 특징을 가장 잘 설명한 것은?

① 장밋빛 홍조 띤 뺨을 가지고 있다.
② 투명하고 얇은 피부가 특징이다.
③ 누르스름하고 탄력 있는 피부이다.
④ 눈동자 흰자와 검은자의 콘트라스트가 가장 강하다.

> **Tip** 가을 타입은 웜톤으로 누르스름하고 탄력 있는 피부가 특징이다.

09 겨울 타입의 특징을 가장 잘 설명한 것은?

① 차분한 이미지의 오클 계열 피부톤을 가지고 있다.
② 큐트하고 사랑스러운 이미지이다.
③ 머리카락과 눈동자색이 다크 브라운이다.
④ 강하고 카리스마 있는 이미지를 가진다.

> **Tip** 겨울 타입은 쿨톤으로 블랙이나 다크 브라운의 헤어와 눈동자색을 가진다.

10 봄 타입의 특징을 가장 잘 설명한 것은?

① 밝고 노란 빛의 투명한 피부를 가지고 있다.
② 세련되고 우아한 인상이 특징이다.
③ 푸른빛이 도는 검정 눈동자를 가지고 있다.

④ 윤기가 없고 볼륨 있는 머릿결을 가지고 있다.

> **Tip** 봄 타입은 웜톤으로 노란 기가 도는 밝고 투명한 피부가 특징이다.

11 겨울 이미지의 배색 방법으로 가장 어울리는 것은?

① 콘트라스트 배색
② 그라데이션 배색
③ 토널 배색
④ 톤인톤 배색

> **Tip** 겨울 타입은 채도가 높거나 콘트라스트가 높은 배색이 어울린다.

12 여름 타입의 특징을 가장 잘 설명한 것은?

① 혈색 있는 누르스름한 피부톤이 특징이다.
② 사랑스럽고 생기발랄한 인상이다.
③ 라이트 브라운 컬러의 건조하고 얇은 머리카락을 가지고 있다.
④ 도시적이고 강렬한 이미지이다.

> **Tip** 여름 타입은 쿨톤으로 로즈 브라운, 라이트 브라운의 건조하고 얇은 모발이 특징이다.

13 봄 이미지에 가장 잘 어울리는 배색은?

① 그라데이션 배색
② 트리콜로 배색
③ 토널 배색
④ 다색 배색

> **Tip** 봄 타입은 귀엽고 캐주얼한 이미지로, 비비드 톤과 라이트 톤을 중심으로 하는 다색 배색이 잘 어울린다.

● 정답   **07** ③   **08** ③   **09** ④   **10** ①   **11** ①   **12** ③   **13** ④

14 가을 이미지의 사람에게 가장 잘 어울리는 배색은?

① 샤프함을 강조하는 대비 배색
② 안정적이고 여성스러운 부드러운 배색
③ 자연스럽고 안정감 있는 배색
④ 악센트 컬러로 포인트가 있는 배색

> •Tip 가을 타입은 '점잖은, 클래식한, 내추럴한' 등의 이미지로 대표되는 다소 어두운 계열의 자연스럽고 안정감 있는 웜톤 컬러로 이루어진 배색이 어울린다.

15 겨울 이미지에 가장 어울리는 색은?

① 덜 톤 블루
② 페일 톤 오렌지
③ 소프트 톤 핑크
④ 비비드 톤 레드

> •Tip 겨울 타입은 '다이내믹, 모던' 등이 대표 이미지이며, 뉴트럴 계열의 색과 비비드 톤의 색의 조합이 잘 어울리는 계절 타입이다.

16 가을 이미지에 대한 설명으로 가장 알맞은 것은?

① 소극적인
② 여성스러운
③ 생기 넘치는
④ 고상한

17 봄 이미지에 가장 잘 어울리는 톤은?

① 라이트 톤
② 덜 톤
③ 라이트 그레이시 톤
④ 다크 톤

> •Tip 봄 타입은 라이트 톤, 비비드 톤 등의 선명하고 밝은 컬러가 잘 어울린다.

18 겨울 이미지에 가장 어울리는 이미지의 배색은?

① 귀여운 이미지의 배색
② 우아한 이미지의 배색
③ 도시적인 이미지의 배색
④ 큐트한 이미지의 배색

19 혈색이 적은 다크 베이지 피부와 짙은 브라운의 모발색, 브라운에 가까운 검정 눈동자를 가진 계절 타입은?

① 봄
② 여름
③ 가을
④ 겨울

> •Tip 가을 타입은 다소 짙은 웜톤의 피부와 다크 브라운의 눈동자를 가진 것이 특징이다.

20 핑크빛의 흰색 피부에 혈색이 도는 핑크빛 피부톤을 가졌으며, 로즈 브라운의 모발색을 가진 계절 타입은?

① 봄
② 여름
③ 가을
④ 겨울

> •Tip 여름 타입은 쿨톤으로 핑크빛 피부톤과 로즈 브라운, 라이트 브라운의 모발색이 특징이다.

21 봄 타입의 피부에 대한 설명으로 가장 올바른 것은?

① 검붉은 피부톤
② 투명한 피부톤
③ 핑크빛 피부톤
④ 건조한 피부

22 퍼스널 컬러의 계절별 이미지로 가장 거리가 먼 조합은?

① 봄 – 고급스러움

② 여름 – 여성스러움

③ 가을 – 세련됨

④ 겨울 – 도시적임

• Tip 봄 타입은 '사랑스러운, 귀여운, 로맨틱한, 캐주얼한' 등의 형용사 이미지가 잘 어울린다.

23 윤기가 도는 검정 모발색과 강한 콘트라스트의 눈동자색이 특징인 계절 타입은?

① 봄

② 여름

③ 가을

④ 겨울

24 밝은 브라운 컬러의 모발과 노란빛을 띠는 피부톤, 피치 계열의 뺨을 가진 계절 타입은?

① 봄

② 여름

③ 가을

④ 겨울

25 가을 이미지를 가진 사람들의 피부 특징은?

① 붉은 기가 있다.

② 피부가 매트하다.

③ 혈색이 좋다.

④ 광택이 있다.

26 화사하고 경쾌한 이미지의 봄 타입의 사람에게 가장 잘 어울리는 톤의 조합은?

① 비비트 톤 – 라이트 톤

② 비비드 톤 – 덜 톤

③ 그레이시 톤 – 페일 톤

④ 다크 톤 – 비비드 톤

27 겨울 타입의 사람에게 가장 잘 어울리는 톤의 조합은?

① 페일 톤 – 라이트 톤

② 비비드 톤 – 덜 톤

③ 그레이시 톤 – 페일 톤

④ 뉴트럴 톤 – 비비드 톤

28 경쾌하고 발랄한 봄 이미지의 사람과 가장 거리가 먼 이미지는?

① 경쾌한

② 귀여운

③ 점잖은

④ 활동적인

• Tip 점잖은 이미지는 가을 유형의 사람에게 더 잘 어울리는 이미지이다.

29 푸른빛을 포함한 선명하고 입체감 있는 색상이 어울리는 계절 타입은?

① 봄

② 여름

③ 가을

④ 겨울

• 정답 **22** ① **23** ④ **24** ① **25** ② **26** ① **27** ④ **28** ③ **29** ④

30 황색 빛을 포함한 깊이 있고 진한 색상이 어울리는 계절 타입은?

① 봄
② 여름
③ 가을
④ 겨울

31 퍼스널 컬러의 계절 타입과 어울리는 톤의 연결로 틀린 것은?

① 봄 – 라이트, 비비드
② 여름 – 라이트 그레이시, 소프트
③ 가을 – 딥, 덜
④ 겨울 – 페일, 라이트

●Tip 겨울 유형은 비비드 톤과 다크, 화이티시, 블랙키시 톤 등이 잘 어울린다.

32 봄 타입의 사람에게 어울리는 톤으로 가장 거리가 먼 것은?

① 라이트
② 비비드
③ 스트롱
④ 딥

●Tip 딥 톤, 덜 톤은 가을 타입의 사람에게 더 잘 어울린다.

33 여름 타입의 사람에게 어울리는 톤으로 가장 거리가 먼 것은?

① 라이트 그레이시
② 다크
③ 소프트
④ 페일

●Tip 여름 유형은 화이티시, 소프트, 라이트 그레이시 등 흰색이 다소 많이 섞인 밝은 컬러가 잘 어울린다.

34 파스텔 풍의 그라데이션이 가장 잘 어울리는 퍼스널 컬러의 계절 타입은?

① 봄
② 여름
③ 가을
④ 겨울

35 대담하고 직선적이며 모던한 이미지가 가장 잘 어울리는 퍼스널 컬러의 계절 타입은?

① 봄
② 여름
③ 가을
④ 겨울

36 따뜻하고 차분한 저명도의 색과 브라운 계열의 컬러가 가장 어울리는 퍼스널 컬러의 계절 타입은?

① 봄
② 여름
③ 가을
④ 겨울

37 고명도, 고채도의 다색배색이 잘 어울리는 퍼스널 컬러의 계절 타입은?

① 봄
② 여름
③ 가을
④ 겨울

●정답 **30** ③   **31** ④   **32** ④   **33** ②   **34** ②   **35** ④   **36** ③   **37** ①

38 봄 타입의 사람에게 어울리는 이미지로 가장 거리가 먼 것은?

① 프리티
② 로맨틱
③ 클래식
④ 스포티

> **Tip** 클래식 이미지는 가을 유형의 사람에게 더 잘 어울린다.

39 가을 타입의 사람에게 어울리는 이미지로 가장 거리가 먼 것은?

① 내추럴
② 모던
③ 클래식
④ 고저스

> **Tip** 모던 이미지는 겨울 타입의 사람에게 더 잘 어울린다.

40 '투명한, 부드러운, 순수한, 깔끔한'과 같은 형용사는 어느 계절의 타입과 어울리는가?

① 봄
② 여름
③ 가을
④ 겨울

41 '도회적인, 실용적인, 이지적인, 냉정한'의 형용사는 어느 계절의 타입과 어울리는가?

① 봄
② 여름
③ 가을
④ 겨울

42 봄 타입의 사람에게 어울리는 색상으로 가장 거리가 먼 것은?

① 다크 네이비
② 아쿠아 블루
③ 코랄
④ 옐로우 그린

> **Tip** 다크 네이비 컬러는 겨울 타입의 사람에게 더 잘 어울린다.

43 여름 이미지를 나타낼 수 있는 색과 톤은?

① 푸른빛의 페일 톤
② 검은 회색 계열의 다크 그레이시 톤
③ 명도가 낮은 다크 톤
④ 펄이 들어간 비비드 톤

44 봄 이미지를 나타낼 수 있는 톤과 색은?

① 비비드 톤 옐로우
② 딥 톤 레드
③ 그레이시 톤 블루
④ 덜 톤 퍼플

45 여름 이미지를 나타낼 수 있는 톤과 색은?

① 덜 톤 그린
② 딥 톤 레드
③ 라이트 그레이시 톤 블루
④ 다크 톤 퍼플

● 정답 **38** ③ **39** ② **40** ② **41** ④ **42** ① **43** ① **44** ① **45** ③

46 겨울의 이미지에 어울리는 색과 톤으로 가장 거리가 먼 것은?

① 채도가 낮은 다크 그레이시 톤
② 명도가 높은 화이티시 톤
③ 고명도, 중채도의 소프트 톤
④ 어둡고 대비가 강한 비비드 톤

Tip 소프트 톤은 여름 타입의 사람에게 더 잘 어울린다.

47 겨울 타입에 어울리는 이미지로 가장 거리가 먼 것은?

① 댄디
② 모던
③ 소피스트케이트
④ 큐트

48 4계절 타입 중 희고 푸른빛이 도는 피부를 가지며, 차갑고 강한 이미지를 가진 계절은?

① 봄
② 여름
③ 가을
④ 겨울

49 비비드, 라이트 톤과 오렌지, 옐로우그린, 에메랄드그린 등의 색상이 잘 어울리는 퍼스널 컬러의 계절 타입은?

① 봄
② 여름
③ 가을
④ 겨울

50 다음 중 겨울 유형의 사람에게 어울리는 컬러로 가장 거리가 먼 것은?

① 마젠타
② 코발트블루
③ 차콜 그레이
④ 크림 옐로우

Tip 크림 옐로우 컬러는 봄 타입의 사람에게 더 잘 어울린다.

• 정답 46 ③ 47 ④ 48 ④ 49 ① 50 ④

퍼스널 컬러 진단

01 진단천을 이용한 퍼스널 컬러 진단법에서 사전 분석해야하는 요소가 아닌 것은?

① 자연광

② 의상

③ 헤어, 메이크업 상태

④ 조명

> **●Tip** 진단천을 이용해서 퍼스널 컬러를 진단할 때, 의상은 흰 천 등을 이용하여 가려주는 것이 좋다.

02 진단천을 이용한 퍼스널 컬러 진단법에서 제거해야 하는 요소가 아닌 것은?

① 메이크업

② 액세서리

③ 콘택트렌즈

④ 거울

> **●Tip** 진단천을 이용해서 퍼스널 컬러를 진단할 때에는 거울 앞에 앉아 진단 체크를 함께 하는 것이 좋다.

03 신체 색상을 육안으로 측정할 때 신체 색상에 대한 설명으로 가장 거리가 먼 것은?

① 피부색 가이드와 비교하여 노르스름한 정도를 체크한다.

② 모발색을 기준으로 밝은 계열을 쿨톤, 블랙 계열을 웜톤으로 체크한다.

③ 눈동자색의 블랙 브라운은 쿨톤으로 체크한다.

④ 피부색과 모발색, 눈동자색의 전체적인 대비감도 체크해야한다.

> **●Tip** 육안 체크 시, 모발색은 밝은 계열이 웜톤, 블랙 계열이 쿨톤이다.

04 퍼스널 컬러 진단 시 피부의 붉은 기를 체크할 때 사용되는 색은?

① 빨강

② 노랑

③ 초록

④ 검정

> **●Tip** 빨강은 피부의 붉은 기와 조화감을 체크할 수 있다.

05 퍼스널 컬러 진단 시 모발색, 눈동자색과 조화감을 체크하는 데 사용되는 색은?

① 빨강

② 노랑

③ 초록

④ 검정

06 퍼스널 컬러 진단 시 피부의 윤기감을 체크하는 데 쓰이는 컬러는?

① 회색

② 파랑

③ 노랑

④ 빨강

●정답　　**01** ②　　**02** ④　　**03** ②　　**04** ①　　**05** ③　　**06** ③

07 퍼스널 컬러 진단 시 피부의 밝기, 피부색과 모발색의 대비감을 체크하는 데 쓰이는 컬러는?

① 회색
② 빨강
③ 노랑
④ 파랑

08 퍼스널 컬러 사전 진단 시 피부 체크 포인트 중 가장 거리가 먼 것은?

① 피부톤
② 주름 개수
③ 광택감
④ 혈색

09 퍼스널 컬러 진단 시 드레이프의 진단 순서로 가장 좋은 것은?

① 핑크 – 레드 – 그린 – 블루 – 옐로우
② 레드 – 핑크 – 옐로우 – 그린 – 블루
③ 핑크 – 레드 – 옐로우 – 그린 – 블루
④ 핑크 – 옐로우 – 그린 – 블루 – 레드

10 봄 타입의 피부 체크로 올바른 것은?

① 매트하다, 혈색이 적다
② 까맣다, 윤기가 있다
③ 투명하다, 건강하다
④ 탄력 있다, 매끈하다

11 여름 타입의 피부 체크로 올바른 것은?

① 매트하다, 도자기 같다
② 까맣다, 광택 있다
③ 혈색이 좋다, 부드럽다
④ 탄력 있다, 매끈하다

12 겨울 타입의 눈동자색 체크로 올바른 것은?

① 콘트라스트, 어두운
② 부드러운, 온화한
③ 매트한, 차분한
④ 밝은, 또렷한

13 봄 타입의 모발 상태 체크 결과로 가장 거리가 먼 것은?

① 얇은
② 굵은
③ 찰랑찰랑한
④ 부드러운

• Tip ▶ 굵은 모발은 가을과 겨울 타입에서 나타난다.

14 가을 타입의 피부 체크로 가장 거리가 먼 것은?

① 광택이 있다
② 혈색이 적다
③ 도자기 같다
④ 매트하다

• Tip ▶ 광택감이 높은 피부는 겨울 타입의 피부이다.

15 겨울 타입의 모발 상태 체크 결과로 가장 거리가 먼 것은?

① 딱딱한
② 굵은
③ 부드러운
④ 윤기 있는

• Tip ▶ 부드러운 모발은 봄과 여름 타입에서 나타난다.

16 여름 타입의 눈동자 체크로 가장 거리가 먼 것은?

① 부드러운

② 산뜻한

③ 온화한

④ 깊은

• Tip ▶ 깊은 눈은 가을 타입에서 자주 나타난다.

17 봄 타입의 머리카락 체크 시 해당하는 사항은?

① 굵은, 딱딱한, 윤기 없는

② 얇은, 부드러운, 찰랑찰랑한

③ 얇은, 부드러운, 딱딱한

④ 굵은 부드러운, 찰랑찰랑

18 퍼스널 컬러 진단 시 가을에 해당하는 눈동자는?

① 깊은, 매트한, 차분한

② 부드러운, 온화한, 산뜻한

③ 반짝반짝, 또렷한, 밝은

④ 콘트라스트, 예민한, 어두운

19 다음 중 여름 타입의 신체 색상과 가장 거리가 먼 것은?

① 혈색이 좋고 부드러운 피부

② 부드러운 눈동자

③ 굵고 딱딱한 머릿결

④ 온화한 눈동자

• Tip ▶ 굵고 딱딱한 머릿결은 가을과 겨울 타입에서 나타난다.

20 다음 중 가을 타입의 신체 색상과 가장 거리가 먼 것은?

① 도자기 같은 피부

② 투명하고 밝은 피부

③ 굵고 딱딱한 머릿결

④ 매트한 눈동자

• Tip ▶ 투명하고 밝은 피부는 봄 타입에서 잘 나타나는 특징이다.

21 퍼스널 컬러에 대한 설명으로 올바른 것은?

① 퍼스널 컬러는 평소 내가 선호하는 색으로 결정한다.

② 퍼스널 컬러의 진단 요소에는 피부색, 눈동자색, 모발색이 해당된다.

③ 퍼스널 컬러는 변하지 않는다.

④ 퍼스널 컬러 진단 시 자신의 이미지가 기준이 된다.

• Tip ▶ 퍼스널 컬러의 진단 시 피부색, 눈동자색, 모발색 등 신체색의 요소체크가 중요하다.

22 퍼스널 컬러 진단 시 어울리는 색의 기준으로 거리가 먼 것은?

① 피부색이 창백해진다.

② 피부의 투명감이 있다.

③ 혈색이 좋아 보인다.

④ 눈동자가 또렷하게 보인다.

• Tip ▶ 피부색이 창백해지는 것은 밝아지는 것이 아니라 혈색이 감소하여 보이는 것으로 어울리지 않는 색에 해당한다.

• 정답   16 ④   17 ②   18 ①   19 ③   20 ②   21 ②   22 ①

23 퍼스널 컬러 진단 시 준비사항에 대한 설명으로 거리가 먼 것은?

① 피진단자는 메이크업을 지운 후 진단에 임한다.

② 피진단자는 평소 착용하는 컬러렌즈를 착용하여도 무방하다.

③ 어깨에 케이프를 하여 의상색을 가려준다.

④ 자연광 또는 자연광과 비슷한 인공조명하에 진단한다.

•Tip 컬러 진단 시 눈동자 색도 요소체크에 포함되므로 컬러렌즈는 착용하지 않는다.

24 퍼스널 컬러 진단 시 골드 컬러와 깊이감 있는 색상이 잘 어울리는 유형은?

① 봄 유형

② 여름 유형

③ 가을 유형

④ 겨울 유형

•Tip 골드는 기본적으로 옐로우 베이스에 해당되며 깊이감 있는 색상은 가을 유형에 잘 어울린다.

25 퍼스널 컬러 진단 시 피부색의 변화도 체크 요소에 해당되지 않는 것은?

① 피부의 색상

② 피부색의 밝기

③ 피부의 요철감

④ 피부의 질감

•Tip 피부색의 변화도 체크 시 노란 기와 붉은 기에 해당하는 색상, 밝고 어두움, 윤기감과 매트함에 해당하는 질감, 투명감을 체크한다.

26 퍼스널 컬러 진단 시 얼굴형의 변화도 체크 요소와 거리가 먼 것은?

① 컬러 진단 시 얼굴이 입체적으로 보인다.

② 컬러 진단 시 얼굴이 평면적으로 보인다.

③ 컬러 진단 시 얼굴이 각이 두드러져 보인다.

④ 컬러 진단 시 얼굴이 탁해진다.

•Tip 컬러 진단 시 얼굴형 변화도에서는 얼굴의 입체감과 얼굴형의 변화를 체크한다.

27 베이스 진단을 위한 드레이핑 시 진단천의 조합으로 옳지 않은 것은?

① 봄과 여름

② 여름과 겨울

③ 여름과 가을

④ 봄과 겨울

•Tip 베이스 판정을 위한 진단천 조합은 옐로우 베이스와 블루 베이스의 조합으로 하며 봄과 여름, 봄과 겨울, 가을과 여름, 가을과 겨울이다.

28 퍼스널 컬러 진단 시 어울리지 않는 색의 기준으로 거리가 먼 것은?

① 구각의 음영이나 다크서클이 두드러진다.

② 얼굴의 각이 드러나 보인다.

③ 얼굴의 주름이 깊어 보인다.

④ 얼굴이 작고 입체적으로 보인다.

---

29 피부색 육안 측정 시 블루 베이스에 해당되지 않는 것은?

① 붉그스름한 피부

② 붉으면서 핑크 빛 피부

③ 노르스름하면서 푸른 빛 피부

④ 노르스름하면서 어두운 피부

> ●Tip▶ 노르스름하면서 희거나, 피치 빛이거나 어두운 피부는 옐로우 베이스에 해당된다.

30 컬러 진단 시 얼굴의 변화도에 대한 설명으로 옳은 것은?

① 혈색이 없는 사람이 붉은 기의 변화가 보이면 어울리는 것이다.

② 피부색이 창백해지는 것은 밝아지는 것과 같으므로 어울리는 것이다.

③ 얼굴의 밝기가 밝아지면 어울리지 않는 것이다.

④ 피부색이 붉어지거나 노랗게 변하면 어울리는 것이다.

> ●Tip▶ ② 피부색이 창백해지는 것은 부조화, ③ 얼굴이 밝아지면 조화, ④ 피부색이 붉거나 노랗게 변하면 부조화이다.

01 메이크업을 위한 3대 관찰요소가 아닌 것은?

① 배분
② 배치
③ 입체
④ 질감

> •Tip ① 배분(Proportion) : 이목구비의 비율
> ② 배치(Position) : 얼굴형
> ③ 입체(Dimension) : 얼굴의 입체 정도

02 메이크업에서 가장 기본이 되는 균형이 아닌 것은?

① 좌우대칭의 균형
② 색의 균형
③ 전체와 부분의 균형
④ 질감의 균형

> •Tip 메이크업의 3개 균형은 좌우대칭의 균형, 색의
> 균형, 전체와 부분의 균형이다.

03 피부색에 따른 메이크업 베이스 화장품의 색상 선택으로 옳은 것은?

① 그린 : 붉거나 여드름 자국이 있을 때
② 핑크 : 피부의 붉은 기를 커버하고자 할 때
③ 보라 : 피부톤이 어두울 때
④ 오렌지 : 피부를 희게 할 때

> •Tip ② 핑크 : 혈색을 부여함
> ③ 보라 : 노란색 피부를 중화시킴
> ④ 오렌지 : 어두운 피부를 건강하게 표현

04 메이크업의 표현 요소로 틀린 것은?

① 색(Color)
② 형(Shape)
③ 장식(Deco)
④ 질감(Texture)

05 검은색 정장에 노란색으로 포인트를 주었다면 어떤 디자인의 원리를 적용한 것인가?

① 조화
② 변화
③ 대비
④ 강조

> •Tip 강조는 전체에서 일정부분을 강조해주기 때문에 시선을 집중시키고 흥미를 유발한다.

06 특정 모임에서 돋보이고 싶거나 모험심이 많은 사람이 즐겨 입는 옷의 색상은?

① 빨강
② 주황
③ 보라
④ 파랑

> •Tip 빨강은 가장 진취적이고, 모험심이 강한 사람들이 좋아한다.

•정답 **01** ④ **02** ④ **03** ① **04** ③ **05** ④ **06** ①

07 불어의 '붉다'에서 유래한 화장품은?

① 립스틱

② 파운데이션

③ 파우더

④ 아이섀도

> **•Tip** 립스틱을 의미하는 루즈는 불어의 '붉다'에서 유래했다.

08 파운데이션 컬러로 적당하지 않은 것은?

① 아이보리

② 옐로우 베이지

③ 세피아

④ 베이지

> **•Tip** 세피아는 오징어 먹물 색으로 아이라인 컬러로 적합하다.

09 메이크업과 빛의 관계로 틀린 것은?

① 백열등에서는 붉은색의 볼연지가 더욱 혈색 있게 보인다.

② 메이크업은 색온도의 영향을 받으므로 적합한 색상을 고려한다.

③ 메이크업은 개인의 피부색에 따라 다르므로 조명의 영향은 고려하지 않는다.

④ 형광등 아래에서는 푸른빛이 도는 파운데이션은 사용하지 않는다.

> **•Tip** 메이크업은 개인의 피부색에 따라 다르나 조명의 영향을 크게 받는다.

10 인종에 따라 눈의 색깔이 다르게 보이는 것은 눈의 어느 부분 때문인가?

① 각막

② 홍채

③ 수정체

④ 망막

11 70년대 히피들에 의해 유행되었던 의상으로 층이 지게 착용하거나 여러 겹을 겹쳐 입는 스타일은?

① 드레스

② 레이어룩

③ 플래퍼룩

④ 펑크룩

> **•Tip** 레이어룩(Layered look)은 의상을 여러 벌과 층으로 겹쳐 입는 스타일로 1970년대 중반에 히피들에 의해 반모드로 유행했다.

12 봄의 이미지를 가장 잘 나타낼 수 있는 톤은?

① 덜 톤

② 딥 톤

③ 다크 톤

④ 라이트 톤

> **•Tip** 봄의 이미지의 톤은 밝고 경쾌한 톤으로 비비드, 라이트 톤 등이 어울린다.

13 페일 톤을 중심으로 한 그라데이션 배색의 로맨틱한 이미지는 어느 계절의 이미지인가?

① 봄

② 여름

③ 가을

④ 겨울

•정답 **07** ① **08** ③ **09** ③ **10** ② **11** ② **12** ④ **13** ②

14 따뜻하고 차분한 인상의 저명도 색과 고전적인 브라운 계열이 잘 어울리는 계절은?

① 봄

② 여름

③ 가을

④ 겨울

> **Tip** 가을색은 명도, 채도가 낮아 선명하지 않고 자연색에 가까우며 우아하고 고전적인 여성스러운 이미지를 지니고 있다.

15 선명하고 강약이 있으며 콘트라스트 배색이 어울리는 계절은?

① 봄

② 여름

③ 가을

④ 겨울

> **Tip** 겨울 타입은 콘스라스트가 강한 클리어한 이미지이다.

16 고명도, 고채도의 색을 많이 조합한 다색 배색이 어울리며 밝고 투명감이 있는 이미지가 어울리는 신부는 다음 중 어떤 계절의 이미지인가?

① 봄

② 여름

③ 가을

④ 겨울

> **Tip** 봄 타입은 밝고 화사한 이미지로 고명도, 고채도의 다색 배색이 어울린다.

17 여름 남성의 비즈니스정장에 어울리는 색조는 무엇인가?

① 그레이, 블루의 ltgy

② 블루의 dk, dp

③ 갈색의 dl, ltgy

④ 청록색의 dk, dp

> **Tip** 여름 타입은 부드러운 인상과 온화한 분위기로 그레이나 짙은 그레이시 블루에서 옅은 블루까지 블루 계열의 풍부한 색들이 잘 어울린다.

18 선명한 색의 스트라이프나 차분한 dp의 색조, 그레이 셔츠 등 콘트라스트를 더한 코디네이션이 어울리는 이미지는 어느 계절인가?

① 봄

② 여름

③ 가을

④ 겨울

> **Tip** 겨울 타입은 콘트라스트를 강조한 배색이 잘 어울린다.

19 푸른빛이 도는 화이트 셔츠가 가장 잘 어울리는 계절 이미지는?

① 봄

② 여름

③ 가을

④ 겨울

---

20 가을 이미지를 표현하는 말 중에서 잘못된 것은?

① 트위드, 울의 질감과 헤링본, 페이즐리 무늬가 어울린다.

② 따뜻하고 깊이가 있는 차분한 색으로 이루어져있다.

③ 내추럴한 느낌의 면 소재에 작은 꽃모양, 체크 등 귀여운 무늬가 어울린다.

④ 브라운, 그린 계열의 다양성과 자연계의 풍부한 색이 느껴진다.

Tip▶ 봄 이미지는 내추럴한 느낌의 면 소재에 작은 꽃모양, 체크 등 귀여운 무늬가 어울린다.

21 봄 여성의 파티에 어울리는 의상으로 가장 맞지 않는 것은?

① 큐티한 디자인의 드레스

② 실크, 시폰 등 가볍고 부드러운 소재의 디자인

③ 장식 주름이 아름다운 엘레강스한 디자인

④ 따뜻함이 있는 부드러운 색의 드레스

Tip▶ 장식 주름의 우아한 드레이핑은 여름 여성에게 적합하다.

22 여름 이미지의 배색 방법으로 가장 적합한 것은?

① 색조 차이가 큰 콘트라스트 배색

② 동색계의 그라데이션 배색

③ 밝은 색조의 다색 배색

④ 저명도의 그라데이션 배색

Tip▶ 여름 이미지는 동색계의 톤온톤의 그라데이션 배색이 적합하다.

23 봄 이미지를 설명하는 말 중에서 가장 어울리지 않는 것은?

① 클래식

② 로맨틱

③ 프리티

④ 캐주얼

Tip▶ 클래식은 가을 이미지에 어울린다.

24 가을 이미지를 설명하는 말 중에서 가장 어울리지 않는 것은?

① 내추럴

② 고저스

③ 다이내믹

④ 클래식

Tip▶ 다이내믹은 겨울 이미지에 적합하다.

25 다음의 컬러 이미지 형용사는 어떤 계절의 이미지인가?

순수한, 부드러운, 신선한, 투명한, 깔끔한

① 봄

② 여름

③ 가을

④ 겨울

26 다음의 컬러 이미지 형용사는 어떤 계절의 이미지 인가?

> 도회적인, 고품격, 실용적인, 이지적인, 냉정한

① 봄
② 여름
③ 가을
④ 겨울

27 겨울 남성의 코디네이트 중 맞지 않는 것은?

① 검정 정장과 연보라색 셔츠 코디
② 따뜻함이 있는 브라운, 오렌지 계열 코디
③ 네이비 블루 셔츠와 화이트 재킷 코디
④ 회색 정장과 코발트블루 넥타이 코디

> **Tip** 따뜻함이 있는 브라운, 오렌지 계열 코디는 가을 남성에게 적합하다.

28 봄 남성의 비즈니스에서 활기찬 에너지 넘치는 코디로 적당하지 않은 것은?

① 녹색 빛이 도는 블루 계열의 정장에 옐로우 넥타이
② 베이지색 정장에 컬러풀한 소품 코디
③ 따뜻함이 있는 회색 정장에 밝은 색 셔츠
④ 다크한 브라운 톤으로 전체적으로 통일

> **Tip** 다크한 브라운 계열은 가을 남성에게 적합하다.

29 봄 이미지 색으로 어울리지 않는 색상은?

① 코발트블루
② 옐로우
③ 아쿠아 블루
④ 피치

> **Tip** 코발트블루는 겨울 이미지 색상에 적합하다.

30 메이크업을 하기 위한 3대 표현 요소로 적합한 것은?

① 이목구비의 비율, 얼굴형, 얼굴의 입체 정도
② 시대유행, 의상과의 연관성, 헤어스타일과의 조화
③ 비용, 고객의 미적 욕구, 보건 및 위생
④ 색의 균형, 피부의 질감, 얼굴의 형태

31 메이크업 컬러의 이미지로 맞는 것은?

① 봄 – 페일 다크로 리듬감 있는 컬러
② 여름 – 비비드하며 소프트한 컬러
③ 가을 – 매트하고 깊이가 있는 컬러
④ 겨울 – 깨끗하고 밝은 컬러

> **Tip** 가을 메이크업 컬러는 전체적으로 차분하고 깊이감 있는 컬러가 어울린다.

32 의상을 선택할 때 가장 먼저 고려하는 것은 무엇인가?

① 색상
② 디자인
③ 소재
④ 무늬

33 패션 코디네이션에서 악센트 컬러는 전체 색상에서 몇 % 정도가 적당한가?

① 5~10%
② 20~30%
③ 40~50%
④ 60~70%

● **정답**　26 ④　27 ②　28 ④　29 ①　30 ④　31 ③　32 ①　33 ①

34 보수적인 성향이 강한 사무직의 의상 색으로 적당한 것은?

① 채도가 높은 주황
② 무늬가 큰 녹색
③ 색상대비가 강한 노랑
④ 저채도의 어두운 파랑

35 봄의 이미지를 가장 잘 나타낼 수 있는 색과 톤은 무엇인가?

① 흰색이 들어간 화이티시 톤
② 검은 회색 계열의 딥 톤
③ 채도가 낮은 다크 톤
④ 펄이 들어간 라이트 톤

36 복식 디자인에서 채도조화 방법으로 적합하지 않은 것은?

① 유사색상 배색은 색간차가 적어 단조로워 보이므로 톤 변화를 주어 배색한다.
② 채도가 높은 바탕에 채도가 낮은 색으로 악센트를 주어 디자인을 강조한다.
③ 주조색과 보조색의 면적에 따라 채도 대비 정도를 결정한다.
④ 고채도의 배색은 자극적이고 화려하며 저채도 배색은 수수하고 차분하다.

> **Tip** 유사색상 배색에서는 색 간의 차이가 적어 단조로워 보이므로 톤 변화를 주어 배색한다. 일반적으로 채도가 낮은 바탕에 채도가 높은 색으로 악센트를 준다.

37 얼굴이 돋보이도록 악센트를 줄 경우 어느 위치가 좋은가?

① 네크라인
② 허리 부위

③ 신발
④ 핸드백

> **Tip** 악센트는 시선을 모으기 위한 방법으로 네크라인 쪽 얼굴에 주목할 수 있도록 사용한다.

38 짙은 자주의 스커트와 옅은 자주 블라우스의 착용은 무슨 배색 방법인가?

① 톤온톤 배색
② 톤인톤 배색
③ 동일색조 배색
④ 유사색상 배색

> **Tip** 동일색인 자주색의 명도 대비, 즉 톤온톤(tone on tone) 배색이다.

39 보색조화에 대한 설명으로 적합하지 않은 것은?

① 두 색상의 면적 차이가 뚜렷이 나는 것이 좋다.
② 보다 강렬한 느낌을 줄 때는 명도대비를 함께 사용한다.
③ 명도나 채도는 통일시키는 것이 좋다.
④ 보색대비는 채도가 가장 높을 때 강렬한 이미지를 준다.

> **Tip** 보색대비는 색상대비와 마찬가지로 채도가 가장 높을 때 강렬한 이미지를 주며, 명도와 채도 대비가 함께 이루어지면 대비감이 약해진다.

40 짙은 빨강 바지와 밝은 주홍색 블라우스를 착용했을 때의 배색 방법은?

① 동일색상 배색
② 유사색상 배색
③ 보색 배색
④ 중간차색상 배색

41 가~라까지 설명은 어떤 이미지를 표현하고 있는지 ①~⑧ 중에서 가장 적절한 것을 선택하시오.

① 모던	② 내추럴
③ 클래식	④ 고저스
⑤ 큐트	⑥ 엘레강스
⑦ 댄디	⑧ 프리티

가. 사랑스럽고 귀여운 이미지이며 오건디 등의 부드러움, 팽팽함이 있는 소재로 색을 많이 사용한 것이 어울린다. (　　　)

나. 캐시미어나 트위드 등의 질 좋은 소재를 사용하여, 품위 있고, 오랜 기간 동안 유행되어 온 이미지로 액세서리도 작은 것으로 깔끔하게 치장한다. (　　　)

다. 두꺼운 천의 샤틴 등의 광택이 있는 무거운 소재나 메탈 소재감이 있는 것으로 모노톤의 기하학적, 추상적인 무늬 등과 어울린다. (　　　)

라. 금선, 은선이 들어간 소재나 큰 무늬 등으로 대담한 프린트, 광택 있는 소재나 비즈 자수, 모피 등이 어울린다. (　　　)

42 가~마까지 설명은 어떤 이미지를 표현하고 있는지 ①~⑧ 중에서 가장 적절한 것을 선택하시오.

① 모던	② 내추럴
③ 클래식	④ 고저스
⑤ 큐트	⑥ 엘레강스
⑦ 댄디	⑧ 프리티

가. 세련된 남성적인 이미지로 시크하면서 딱 맞는 완성도 높은 양복 등이 어울린다. (　　　)

나. 여성스러우며 세련된 품위 있는 스타일로 성숙하고 고상한 우아한 분위기이다. (　　　)

다. 꾸미지 않은 이미지로 부드러운 천연소재의 면, 마, 져지, 울 등이 어울린다. (　　　)

라. 활기찬 이미지로 프릴이나 리본 등의 달콤하고 가벼운 이미지로 가벼운 소재나 꽃무늬가 들어간 약간 작은 백으로 꾸민다. (　　　)

43 가을 이미지 피부톤 메이크업으로 가장 옳은 것은?

① 건강미를 강조하고 입체감 있는 피부를 표현한다.
② 혈색과 광택감을 강조한다.
③ 볼 주변의 붉은 기를 커버한다.
④ 핑크빛 파운데이션으로 피부톤을 커버한다.

44 겨울 이미지의 배색으로 맞는 것은?

① 강한 대비 배색
② 그라데이션 배색
③ 동색 배색
④ 유사 배색

▸Tip 겨울 이미지 배색은 콘트라스트의 대비감을 준다.

45 겨울 이미지에 해당하는 가장 적합한 이미지 연출은?

① 귀여운 느낌의 배색
② 여성스러움을 강조한 배색
③ 샤프함을 더하는 대비 배색
④ 호화롭고 화려한 배색

46 봄 이미지에 가장 어울리는 톤으로 짝지어진 것은?

① 비비드 톤 – 다크 톤

② 비비드 톤 – 라이트 톤

③ 그레이시 톤 – 라이트 톤

④ 페일 톤 – 그레이시 톤

> **Tip** 봄 이미지는 밝고 선명한 톤이 어울린다.

47 봄 이미지에 어울리는 스타일이 아닌 것은?

① 프리티

② 시크

③ 스포티

④ 캐주얼

> **Tip** 시크는 여름과 겨울 이미지에 어울린다.

48 봄 이미지 배색 방법으로 가장 어울리는 것은?

① 다색 배색

② 그라데이션 배색

③ 동색 배색

④ 까마이외 배색

> **Tip** 그라데이션과 동색(同色) 배색은 여름 이미지 배색에 어울린다.

49 여름 유형의 액세서리 코디 중 가장 잘 어울리는 것은?

① 골드컬러의 액세서리

② 산호

③ 터키석

④ 진주

> **Tip** 터키석은 민속풍의 내추럴 이미지 연출에 적합하다.

50 겨울 이미지가 가장 어울리는 색은?

① 화이티시 톤의 블루

② 비비드 톤의 오렌지

③ 딥 톤의 브라운

④ 라이트 톤의 핑크

51 여름 이미지 색상 중 가장 어울리지 않는 것은?

① 그레이

② 오렌지

③ 핑크

④ 로즈 브라운

> **Tip** 오렌지는 봄 이미지 색상이다.

52 여름 유형 코디네이션에서 가장 어울리는 배색은?

① 다색 배색

② 그라데이션 배색

③ 대조색상 배색

④ 고채도의 배색

> **Tip** 봄 유형은 다색과 고채도 배색이 어울린다.

53 퍼스널 컬러 메이크업의 의의에 해당되지 않는 것은?

① 개인의 장단점을 파악하여 현 유행에 맞도록 결점을 보완하고 장점을 강조한다.

② T·P·O를 고려하여 색의 조화를 염두에 둔다.

③ 고객의 피부색을 고려하여 베이스 메이크업보다는 포인트 메이크업에 중점을 둔다.

④ 화장품과 도구를 사용하여 신체의 아름다운 부분은 돋보이도록 하고 약점은 수정·보완한다.

● 정답   **46** ②   **47** ②   **48** ①   **49** ④   **50** ①   **51** ②   **52** ②   **53** ③

54 퍼스널 컬러 코디네이션 작업 시 고려해야 할 다음 내용 중 가장 중요하지 않은 것은?

① 고객의 사회적 위치
② 시대적 유행성
③ 고객의 미적 욕구
④ 작업자의 의도

> **Tip** 작업자의 의도가 고객의 욕구보다 우선되어서는 안 된다.

55 퍼스널 컬러 코디네이션의 유의사항으로 틀린 것은?

① 피부색에 따라 헤어 컬러를 선택하여 얼굴과 조화되는 자연스러운 이미지를 연출한다.
② 유행하는 아이섀도 색을 사용하여 눈 화장에 포인트를 준다.
③ 퍼스널 컬러도 중요하지만 고객의 취향과 의사를 수용해야 한다.
④ 시간, 장소, 목적을 고려하여 의상, 헤어 등 전체적인 이미지와 조화되도록 한다.

> **Tip** 퍼스널 컬러 진단에 따라 메이크업 색상을 선택한다.

56 퍼스널 컬러 코디네이션 전문가가 지녀야 할 구비조건에 해당되지 않는 것은?

① 권위성 – 전문가로서의 자존감을 가지고 고객의 단점을 파악한 후 전문적이고 주관적인 관점으로 개선방향을 제시함
② 전문 지식 – 화장품, 미용, 패션, 피부의학 등에 관해 고객을 능가하는 지식을 갖춤
③ 지도력 – 올바른 어드바이스를 통해 고객의 문제를 해결하고 미적 욕구와 실현 방향을 명확히 제시함

④ 설득력 – 고객의 입장을 충분히 이해하고 고객이 무엇을 원하고 있는가를 잘 파악하여 이해하기 쉽게 해결책을 제시함

> **Tip** 권위성 – 상대가 존중할 수 있는 모습과 고객의 의견과 주변상황을 고려하여 일에 임한다.

57 고객의 피부에 색소침착이 많아 메이크업 베이스를 권유할 때 사용 목적으로 틀린 것은?

① 파운데이션의 색소침착을 방지한다.
② 인공 피지막을 형성하여 피부를 보호한다.
③ 화장을 잘 받게 해주고 들뜨는 것을 방지한다.
④ 파운데이션의 밀착성을 약하게 해서 화장이 투명하게 보이도록 한다.

> **Tip** 메이크업 베이스는 파운데이션의 밀착성을 높여서 화장이 지속되게 한다.

58 40대의 사무직 여성의 피부색이 쿨톤 여름 유형이라면 립스틱 색상으로 가장 어울리지 않은 것은?

① 저채도의 레드 브라운을 추천한다.
② 트랜드를 고려하여 현재 유행하는 핑크 색상을 추천한다.
③ 입술을 물들일 수 있는 쿨 레드 계열의 틴트를 추천한다.
④ 적당한 커버력이 있는 로즈베이지를 추천한다.

> **Tip** 레드 브라운은 가을 유형에 어울린다.

59 퍼스널 컬러 코디네이션 작업 시 전체가 평범하고 단조로운 색에 대해 강조하고 싶은 부분에 시선을 집중시키는 배색 기법은?

① 콤플렉스 배색

② 악센트 배색

③ 그라데이션 배색

④ 세퍼레이션 배색

60 로맨틱 메이크업에 어울리지 않는 코디네이션은?

① 부드러운 소재의 꽃무늬 원피스

② 사랑스러운 파스텔 톤을 중심으로 한 배색

③ 박시한 일자형의 실루엣

④ 프릴이나 레이스 등의 디테일

61 세련되고 화려한 느낌의 겨울 메이크업 색상으로만 연결된 것은?

① 골드 – 카키

② 와인 – 실버

③ 옐로 – 그린

④ 블루 – 화이트

> **Tip** ① 골드 – 카키 : 가을
> ② 와인 – 실버 : 겨울
> ③ 옐로 – 그린 : 봄
> ④ 블루 – 화이트 : 여름

PART

02

**PERSONAL COLOR
COORDINATOR**

실전 모의고사

정답 및 해설 p.97

01 다음 중 색지각의 3요소로 짝지어진 것은?

① 빛, 색, 프리즘
② 광원, 눈, 지각
③ 광원, 반사체, 관찰자
④ 반사체, 사물, 스펙트럼

02 태양광선을 프리즘으로 통과시켜 얻은 색의 띠를 무엇이라 하는가?

① 전자파
② 자외선
③ 감마선
④ 스펙트럼

03 눈의 구조 중 수정체의 두께를 조정하는 것을 무엇이라 하는가?

① 맥락막
② 홍채
③ 모양체
④ 각막

04 다음 그림과 같이 단계적으로 배열된 색에서 인접색이 저명도인 경계부분은 더 밝아 보이고, 인접색이 고명도인 경계부분은 어두워 보이는 것은 어떤 대비 현상에 의한 것인가?

① 계시 대비
② 연변 대비
③ 채도 대비
④ 보색 대비

05 팽창, 수축과 관련한 색의 감정 효과에 대한 설명 중 가장 거리가 먼 것은?

① 일반적으로 따뜻한 색이 차가운 색보다 크게 보인다.
② 수축색은 후퇴색의 조건과 매우 유사하며, 실제 크기보다 작아 보인다.
③ 팽창색은 흥분색의 조건과 매우 유사하며, 실제 크기보다 커 보인다.
④ 밝은 색은 어두운 색보다 작게 보인다.

06 쇠라, 시냐크 등의 화가들이 즐겨 사용한 점묘법과 모자이크 벽화 등에서 볼 수 있는 혼색 원리는 다음 중 무엇인가?

① 계시 혼색
② 감법 혼색
③ 가법 혼색
④ 병치 혼색

07 다음 중 채도에 대한 설명으로 가장 거리가 먼 것은?

① 색의 순수한 정도를 뜻한다.
② 유채색에만 존재한다.
③ 유채색과 무채색이 섞이면 채도가 높아진다.
④ 원색은 채도가 가장 높은 색이다.

08 노랑과 보라, 빨강과 초록, 주황과 파랑과 같은 색채 대비를 무엇이라 하는가?

① 명암 대비
② 채도 대비
③ 한난 대비
④ 보색 대비

09 색상환표에서 가장 먼 거리를 두고, 서로 마주보는 관계의 색채를 의미하는 것은?

① 한색
② 난색
③ 보색
④ 중성색

10 색의 자극이 사라진 후에도 지속적으로 색의 자극을 느끼는 잔상에 의해 영향을 받는 대비 현상은?

① 색상 대비
② 명도 대비
③ 계시 대비
④ 채도 대비

11 카메라와 눈의 구조를 비교한 설명 중 가장 거리가 먼 것은?

① 눈꺼풀은 렌즈 뚜껑과 같다.
② 수정체는 카메라의 렌즈에 해당한다.
③ 홍채는 카메라의 조리개의 역할이다.
④ 망막은 빛의 양을 조절한다.

12 다음 중 가산 혼합의 3원색이 아닌 것은?

① 옐로우
② 레드
③ 그린
④ 블루

13 다음 중 색채의 연상이 잘못 연결된 것은?

① 주황 – 오렌지, 귤, 적극
② 노랑 – 병아리, 레몬, 희망
③ 보라 – 포도, 라벤더, 고귀함
④ 검정 – 평화, 고요, 안전

14 다음 중 수축, 긴장, 후퇴를 느끼게 만드는 색으로 거리가 먼 것은?

① 청록
② 청보라
③ 파랑
④ 빨강

15 따뜻하고 활동적인 에너지를 느끼게 하는 색은?

① 파랑
② 초록
③ 주황
④ 보라

16 계시 대비에 대한 설명으로 바른 것은?

① 빨간색을 한참 보다가 노란색을 보면 연두색으로 보인다.
② 명도가 다른 두 색 관계에서 밝은 색은 더 밝게 보이게 된다.
③ 탁한 색 위의 색상은 원래의 색보다 명도가 밝게 보인다.
④ 색이 인접해있을 때 생기는 대비 현상이다.

17 어떠한 색이 다른 색의 영향을 받아 실제와 다른 색으로 변화되어 보이는 색의 현상을 무엇이라 하는가?

① 색의 대비
② 색의 주목성
③ 색의 명시성
④ 색의 혼합

18 다음 중 오방색(오정색)과 가장 거리가 먼 색은?

① 흑색
② 백색
③ 황색
④ 자색

19 한국산업규격(KS)에서 유채색 이름의 수식어로 틀린 것은?

① 연한
② 화사한
③ 어두운
④ 탁한

20 먼셀의 기본 5색으로 틀린 것은?

① 빨강
② 노랑
③ 파랑
④ 자주

21 먼셀의 색채표기법 기호로 옳은 것은?

① HC/V
② HV/C
③ CV/H
④ VH/C

22 NCS 색 체계에서 S2050 – YR90Y 색상에 대한 설명으로 옳은 것은?

① 90%의 주황색도를 지니고 있는 노란색
② 노란색도 20%, 주황색도 30%를 지니고 있는 주황색
③ 검은색도 20%, 노란색도 50%를 지니고 있는 주황색
④ 90%의 노란색도를 지니고 있는 주황색

23 다음 색 중에서 가장 채도가 높은 색은?

① 7.5Y 3/8
② 6Y 9/13.5
③ 7.5R 7/5
④ 10B 2/7

24 오스트발트 조화론에서 등가색환 조화 배색과 같은 배색 기법은 무엇인가?

① 포 까마이외 배색
② 톤온톤 배색
③ 톤인톤 배색
④ 토널 배색

25 미국의 색채학자 저드의 색채조화 원리가 아닌 것은?

① 유사성의 원리
② 질서의 원리
③ 동일성의 원리
④ 명료성의 원리

26 그림은 먼셀 색 체계를 나타낸 것이다. 가, 나, 다에 해당하는 것은?

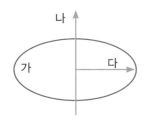

① 색상, 채도, 명도
② 색상, 명도, 채도
③ 채도, 명도, 색상
④ 채도, 명도, 색상

27 은은한 이미지의 배색 기법으로 적당하지 않은 것은?
① 동일 색상 유사색조 배색
② 유채색과 무채색의 배색
③ 포 까마이외 배색
④ 까마이외 배색

28 NCS 색표기법으로 옳은 것은?
① S2030–Y90R
② R40B–5030
③ 10R 5/8
④ 10:YG–4.5–9S

29 두 개 이상의 색을 조화롭게 배치하는 것을 무엇이라 하는가?
① 동화
② 배색
③ 대비
④ 착시

30 전체의 평범한 배색 가운데에 강한 색을 배색하여 시선을 집중시키는 배색 방법을 무엇이라 하는가?
① 그라데이션 배색
② 콘트라스트 배색
③ 도미넌트 배색
④ 악센트 배색

31 2색 이상의 색채를 반복하여 표현하는 배색으로 체크나 스트라이프 무늬에서 볼 수 있는 배색 방법은?
① 세퍼레이션 배색
② 악센트 배색
③ 레페티션 배색
④ 그라데이션 배색

32 명도 위주의 배색에서 가장 무겁고 어두운 느낌을 주는 배색은?
① 고명도, 저명도
② 고명도, 고명도
③ 저명도, 저명도
④ 중명도, 고명도

33 차분한 톤에 속하지 않은 것은?
① 라이트 그레이시 톤
② 그레이시 톤
③ 라이트 톤
④ 소프트 톤

34 비콜로 배색에 대한 설명으로 틀린 것은?

① 비콜로는 바이컬러(Bicolor)와 같은 의미이다.

② 프랑스 국기 배색이 대표적이다.

③ 주로 흰색과 채도 높은 vivid 톤의 색상을 사용한다.

④ 상징성이 강한 국기 배색에 사용한다.

35 악센트 배색이 가장 잘 어울리는 이미지는?

① 화려한 이미지

② 모던한 이미지

③ 귀여운 이미지

④ 경쾌한 이미지

36 퍼스널 컬러의 개념에 대한 설명으로 가장 거리가 먼 것은?

① 자신에게 가장 잘 어울리는 색이다.

② 신체색과 조화되는 색이다.

③ 가장 좋아하는 색이다.

④ 호감 있는 이미지로 만들어주는 색이다.

37 웜톤의 노르스름한 피부톤에게 가장 잘 어울리는 컬러는?

① 라일락

② 페일 핑크

③ 화이티시 블루

④ 레드 오렌지

38 겨울 이미지의 배색 방법으로 가장 어울리는 것은?

① 콘트라스트 배색

② 그라데이션 배색

③ 토널 배색

④ 톤인톤 배색

39 혈색이 적은 다크 베이지 피부와 짙은 브라운의 모발색, 브라운에 가까운 검정 눈동자를 가진 계절 타입은?

① 봄

② 여름

③ 가을

④ 겨울

40 윤기가 도는 검정 모발색과 강한 콘트라스트의 눈동자색이 특징인 계절 타입은?

① 봄

② 여름

③ 가을

④ 겨울

41 겨울 타입의 사람에게 가장 잘 어울리는 톤의 조합은?

① 페일 톤 – 라이트 톤

② 비비드 톤 – 덜 톤

③ 그레이시 톤 – 페일 톤

④ 뉴트럴 톤 – 비비드 톤

42 퍼스널 컬러의 계절 타입과 어울리는 톤의 연결로 틀린 것은?

① 봄 – 라이트, 비비드

② 여름 – 라이트 그레이시, 소프트

③ 가을 – 딥, 덜

④ 겨울 – 페일, 라이트

43 파스텔풍의 그라데이션이 가장 잘 어울리는 퍼스널 컬러의 계절 타입은?

① 봄
② 여름
③ 가을
④ 겨울

44 대담하고 직선적이며 모던한 이미지가 가장 잘 어울리는 퍼스널 컬러의 계절 타입은?

① 봄
② 여름
③ 가을
④ 겨울

45 '즐거운, 밝은, 재미있는, 귀여운'과 같은 형용사는 어느 계절의 유형과 어울리는가?

① 봄
② 여름
③ 가을
④ 겨울

46 겨울 타입에 어울리는 이미지로 가장 거리가 먼 것은?

① 댄디
② 모던
③ 소피스트케이트
④ 큐트

47 비비드, 라이트 톤과 오렌지, 옐로우 그린, 에메랄드그린 등의 색상이 잘 어울리는 퍼스널 컬러의 계절 타입은?

① 봄
② 여름
③ 가을
④ 겨울

48 진단천을 이용한 퍼스널 컬러 진단법에서 사전 분석해야하는 요소가 아닌 것은?

① 자연광
② 의상
③ 헤어, 메이크업 상태
④ 조명

49 봄 타입의 모발 상태 체크 결과로 가장 거리가 먼 것은?

① 얇은
② 굵은
③ 찰랑찰랑한
④ 부드러운

50 봄의 이미지를 가장 잘 나타낼 수 있는 톤은?

① 덜 톤
② 딥 톤
③ 다크 톤
④ 라이트 톤

51 고명도, 고채도의 색을 많이 조합한 다색 배색이 어울리며 밝고 투명감이 있는 이미지가 어울리는 신부는 다음 중 어떤 계절의 이미지인가?

① 봄
② 여름
③ 가을
④ 겨울

52 다음의 컬러 이미지 형용사는 어떤 계절의 이미지
인가?

> 순수한, 부드러운, 신선한, 달콤한, 깔끔한

① 봄
② 여름
③ 가을
④ 겨울

53 봄의 이미지를 가장 잘 나타낼 수 있는 색과 톤은
무엇인가?

① 흰색이 들어간 화이티시 톤
② 검은 회색계열의 딥 톤
③ 채도가 낮은 다크 톤
④ 펄이 들어간 라이트 톤

54 짙은 자주의 스커트와 옅은 자주 블라우스의 착용
은 무슨 배색 방법인가?

① 톤온톤 배색
② 톤인톤 배색
③ 동일색조 배색
④ 유사 색상 배색

55 하늘색 바지와 파란 블라우스를 착용했을 때의 배
색 방법은?

① 동일 색상 배색
② 보색 배색
③ 유사 색상 배색
④ 중간차 색상 배색

56 봄 이미지 배색 방법으로 가장 어울리는 것은?

① 다색 배색
② 그라데이션 배색
③ 동색 배색
④ 까마이외 배색

57 로맨틱 메이크업에 어울리지 않는 코디네이션은?

① 부드러운 소재의 꽃무늬 원피스
② 박시한 일자형의 실루엣
③ 사랑스러운 파스텔 톤을 중심으로 한 배색
④ 프릴이나 레이스 등의 디테일

58 여름 남성의 비즈니스 정장에 어울리는 색조는 무
엇인가?

① 그레이, 블루의 ltgy
② 블루의 dk, dp
③ 갈색의 dl, ltgy
④ 청록색의 dk, dp

59 여름 이미지의 배색 방법으로 가장 적합한 것은?

① 색조 차이가 큰 콘트라스트 배색
② 동색계의 그라데이션 배색
③ 밝은 색조의 다색 배색
④ 저명도의 그라데이션 배색

60 가을 이미지를 설명하는 말 중에서 가장 어울리지
않는 것은?

① 내추럴
② 고저스
③ 다이내믹
④ 클래식

61 봄 이미지 색으로 어울리지 않는 색상은?

① 와인
② 옐로우
③ 아쿠아 블루
④ 피치

62 보색조화에 대한 설명으로 적합하지 않은 것은?

① 두 색상의 면적차이가 뚜렷이 나는 것이 좋다.
② 보다 강렬한 느낌을 줄 때는 명도대비를 함께 사용한다.
③ 명도나 채도는 통일시키는 것이 좋다.
④ 보색대비는 채도가 가장 높을 때 강렬한 이미지를 준다.

63 금선, 은선이 들어간 소재나 큰 무늬 등으로 대담한 프린트, 광택 있는 소재나 비즈 자수, 모피 등이 어울리는 스타일은?

① 모던
② 내추럴
③ 클래식
④ 고저스

64 세련된 남성적인 이미지로, 시크하면서 딱 맞는 완성도 높은 양복 등이 어울리는 스타일은?

① 고저스
② 내추럴
③ 클래식
④ 댄디

65 세련되고 화려한 느낌의 겨울 메이크업 색상으로만 연결된 것은?

① 골드 – 카키
② 와인 – 실버
③ 옐로 – 그린
④ 블루 – 화이트

66 40대의 사무직 여성의 피부색이 쿨톤 여름 유형이라면 립스틱 색상으로 가장 어울리지 않은 것은?

① 저채도의 레드 브라운을 추천한다.
② 트렌드를 고려하여 현재 유행하는 핑크 색상을 추천한다.
③ 입술을 물들일 수 있는 쿨 레드 계열의 틴트를 추천한다.
④ 적당한 커버력이 있는 로즈 베이지를 추천한다.

67 퍼스널 컬러 코디네이션의 유의사항으로 틀린 것은?

① 피부색에 따라 헤어 컬러를 선택하여 얼굴과 조화되는 자연스러운 이미지를 연출한다.
② 시간, 장소, 목적을 고려하여 의상, 헤어 등 전체적인 이미지와 조화되도록 한다.
③ 퍼스널 컬러도 중요하지만 고객의 취향과 의사를 수용해야 한다.
④ 유행하는 아이섀도 색을 사용하여 눈 화장에 포인트를 준다.

68 퍼스널 컬러 메이크업의 의의에 해당되지 않는 것은?

① 개인의 장단점을 파악하여 현 유행에 맞도록 결점을 보완하고 장점을 강조한다.

② T·P·O를 고려하여 색의 조화를 염두에 둔다.

③ 고객의 피부색을 고려하여 베이스 메이크업보다는 포인트 메이크업에 중점을 둔다.

④ 화장품과 도구를 사용하여 신체의 아름다운 부분은 돋보이도록 하고 약점은 수정·보완한다.

69 신체 색상을 육안으로 측정할 때 신체 색상에 대한 설명으로 가장 거리가 먼 것은?

① 피부색 가이드와 비교하여 노르스름한 정도를 체크한다.

② 모발색을 기준으로 밝은 계열을 쿨톤, 블랙 계열을 웜톤으로 체크한다.

③ 눈동자색의 블랙 브라운은 쿨톤으로 체크한다.

④ 피부색과 모발색, 눈동자색의 전체적인 대비감도 체크해야 한다.

70 퍼스널 컬러 사전 진단 시 피부 체크 포인트 중 가장 거리가 먼 것은?

① 피부톤

② 주름 개수

③ 광택감

④ 혈색

71 퍼스널 컬러 진단 시 드레이프의 진단 순서로 가장 좋은 것은?

① 핑크 – 레드 – 옐로우 – 그린 – 블루

② 레드 – 핑크 – 옐로우 – 그린 – 블루

③ 핑크 – 레드 – 그린 – 블루 – 옐로우

④ 핑크 – 옐로우 – 그린 – 블루 – 레드

72 퍼스널 컬러 진단 시 모발색, 눈동자색과 조화감을 체크하는 데 사용되는 색은?

① 빨강

② 노랑

③ 초록

④ 검정

73 어울리는 퍼스널 컬러를 활용할 때의 변화로 가장 거리가 먼 것은?

① 얼굴 피부가 깨끗해 보인다.

② 실제보다 젊어 보인다.

③ 나이보다 성숙해 보인다.

④ 자신감 향상에 도움이 된다.

74 가을 타입의 특징을 가장 잘 설명한 것은?

① 장밋빛 홍조 띤 뺨을 가지고 있다.

② 투명하고 얇은 피부가 특징이다.

③ 누르스름하고 탄력 있는 피부이다.

④ 눈동자 흰자와 검은자의 콘트라스트가 가장 강하다.

75 봄 타입의 특징을 가장 잘 설명한 것은?

① 밝고 노란 빛의 투명한 피부를 가지고 있다.

② 세련되고 우아한 인상이 특징이다.

③ 푸른빛이 도는 검은 눈동자를 가지고 있다.

④ 윤기가 없고 볼륨 있는 머릿결을 가지고 있다.

76 정적이며 남성적인 면이 강한 그레이시(gy), 덜(dl), 다크(dk) 톤과 무채색을 주로 표현하여 딱딱함을 갖는 이미지는?

① 화려한 이미지
② 점잖은 이미지
③ 모던한 이미지
④ 다이내믹 이미지

77 빨강, 보라, 금색, 무채색 등의 색을 삽입하여 배색의 미적 효과를 높일 수 있는 배색은?

① 톤인톤 배색
② 반대색상 배색
③ 세퍼레이션 배색
④ 톤온톤 배색

78 사랑스럽고 낭만적인 소녀의 느낌을 갖는 핑크(Pink), 옐로우(Yellow), 그린(Green) 계통의 비비드(vv), 라이트(lt), 페일(pl) 톤의 색조가 주를 이루는 이미지는?

① 화려한
② 우아한
③ 온화한
④ 귀여운

79 형용사 이미지 스케일을 기준으로 SD법(Semantic Differential method)을 통해 한국인을 대상으로 약 12가지 키워드를 이용하여 분석된 이미지 스케일은?

① 단색 이미지 스케일
② 형용사 이미지 스케일
③ 배색 이미지 스케일
④ 그레이 스케일

80 모노톤 배색과 동의어로 같은 톤끼리의 배색은?

① 톤온톤 배색
② 그라데이션 배색
③ 톤인톤 배색
④ 도미넌트 배색

정답 및 해설 p.99

01 빛의 일부분으로 눈에 보이는 것을 무엇이라 하는가?

① 적외선
② 가시광선
③ 자외선
④ 라디오파

02 단색광(빛)을 여러 파장으로 나누는 것을 무엇이라 하는가?

① 분광
② 분산
③ 백색광
④ 프리즘

03 어두운 곳에서 갑자기 밝은 곳으로 나오면, 처음에는 눈이 부시고 잘 보이지 않지만, 점차 주위의 밝기에 적응하여 사물의 색과 형태가 정상적으로 보이게 된다. 이를 무엇이라 하는가?

① 명순응
② 암순응
③ 색순응
④ 식별성

04 다음 중 난색과 한색의 감정 효과가 올바르게 연결된 것은?

① 난색 – 진출색
② 한색 – 팽창색
③ 난색 – 진정색
④ 한색 – 흥분색

05 색의 3속성 중 명도에 대한 설명으로 거리가 먼 것은?

① 무채색 중 흰색이 가장 고명도이다.
② 완전한 흰색과 검정색의 물체는 지구상에 존재하지 않는다.
③ 모든 색은 밝고 어두운 정도로 구분할 수 있고, 이를 명도라 한다.
④ 무채색에만 명도가 존재하며, 유채색에는 명도가 없다.

06 색광의 혼합에서 빨강(R)과 초록(G)을 혼합하면 나타나는 색은?

① 노랑
② 마젠타
③ 검정
④ 파랑

07 빨강, 노랑, 초록 등과 같이 다른 색과 구분하기 위한 색의 고유한 명칭을 무엇이라 하는가?

① 색상
② 명도
③ 채도
④ 톤

08 물체의 표면에서 선택적으로 반사되는 색의 파장은 색의 속성 중 무엇인가?

① 반사율
② 색상
③ 명도
④ 채도

09 빛의 파장 범위가 620~780nm에 위치하는 색은 무엇인가?

① 빨강
② 노랑
③ 연두
④ 보라

10 흰 바탕에 빨간색의 십자가 모양을 보고 적십자라는 단체를 떠올리게 되는 것은 색의 어떤 작용 현상 때문인가?

① 착시
② 잔상
③ 대비
④ 연상

11 색의 3속성 중 명도에 대한 설명으로 옳은 것은?

① 분홍색과 갈색은 명도가 같다.
② 연두색은 갈색에 비하여 명도가 낮다.
③ 하늘색은 군청색에 비하여 명도가 낮다.
④ 노란색은 빨간색에 비하여 명도가 높다.

12 다음의 색의 혼합 중 가법 혼색에 해당하는 것은?

① 사이언 + 마젠타 = 블루
② 그린 + 레드 = 옐로우
③ 사이언 + 마젠타 + 옐로우 = 블랙
④ 옐로우 + 사이언 = 그린

13 다음 중 감산 혼합의 기본 3원색이 아닌 것은?

① 빨강
② 노랑
③ 초록
④ 파랑

14 작은 색 견본으로 색을 선택하여 넓은 면적에 적용하였을 경우, 색은 어떻게 변화하는가?

① 채도, 명도의 감소
② 채도, 명도의 증가
③ 명도, 색상의 감소
④ 명도, 색상의 증가

15 동일한 크기의 물체일 때 가장 수축되고 작아 보이는 색은?

① 레드
② 화이트
③ 네이비
④ 연두색

16 다음 중 색상 또는 채도가 없는 색은 무엇인가?

① 보라
② 노랑
③ 회색
④ 파랑

17 같은 채도의 분홍색은 채도가 다른 분홍 바탕 위에 놓았을 때보다 회색 바탕에 놓았을 때 더 뚜렷한 분홍색으로 보인다. 무엇 때문인가?

① 명도 동화
② 채도 동화
③ 명도 대비
④ 채도 대비

18 다음 중 오방색과 상징성이 잘못 연결된 것은?

① 청색 – 동쪽 – 봄 – 청룡
② 적색 – 남쪽 – 여름 – 주작
③ 백색 – 서쪽 – 가을 – 백호
④ 황색 – 북쪽 – 겨울 – 현무

19 우리나라에서 교육용으로 채택하여 사용하고 있는 표색계는?

① 먼셀 표색계
② CIE 표색계
③ 오스트발트 표색계
④ PCCS 표색계

20 미국의 색채학자 저드의 색채조화 원리가 아닌 것은?

① 유사성의 원리
② 동일성의 원리
③ 질서의 원리
④ 명료성의 원리

21 먼셀 색 체계에 대한 설명으로 옳은 것은?

① 8색상을 기본으로 각각 3등분한 24색상환이다.
② 한국산업표준(KS)으로 사용되었다.
③ 헤링의 반대색설을 기본으로 한다.
④ 색상, 명도, 뉘앙스의 3속성으로 표현한다.

22 일본색채연구소가 발표한 색 체계로 주로 패션 등에 사용되는 톤과 관련된 색 체계는?

① DIS
② NCS
③ PCCS
④ JIS

23 관용색명 중에서 광물이나 원료의 이름이 아닌 것은?

① 코발트블루
② 에메랄드그린
③ 호박색
④ 피콕

24 배색 시 유의할 점으로 가장 거리가 먼 것은?

① 배색하는 목적과 주위환경을 고려해야 한다.
② 배색하는 색상의 면적 비례를 고려하여야 한다.
③ 색상, 채도의 변화를 고려하여 조화를 이루도록 한다.
④ 명도차에 의해서는 큰 효과를 기대할 수 없다.

25 두 색의 관계가 모호하거나 색의 대비가 너무 강한 경우 한 가지 색을 삽입하여 조화시키는 배색 방법을 무엇이라 하는가?

① 세퍼레이션 배색
② 악센트 배색
③ 그라데이션 배색
④ 레페티션 배색

26 보색 배색이라는 의미로, 보색에 가까운 색의 조합으로 화려하고 활기찬 느낌의 배색을 무엇이라 하는가?

① 톤인톤 배색
② 톤온톤 배색
③ 콘트라스트 배색
④ 토널 배색

27 색상이 단계적으로 변화되도록 배색하는 방법을 무엇이라 하는가?

① 톤온톤 배색
② 톤인톤 배색
③ 악센트 배색
④ 그라데이션 배색

28 가볍고 부드러운 느낌을 주며 여성스럽고 감미로운 것이 특징인 톤은?

① 페일 톤
② 다크 그레이시 톤
③ 비비드 톤
④ 딥 톤

29 사랑스럽고 낭만적인 소녀의 느낌을 갖는 핑크(Pink), 옐로우(Yellow), 그린(Green) 계통의 비비드(vv), 라이트(lt), 페일(pl) 톤의 색조가 주를 이루는 이미지는?

① 귀여운
② 우아한
③ 온화한
④ 화려한

30 내추럴 이미지의 배색 기법으로 적당하지 않은 것은?

① 동일색상 유사색조 배색
② 대조색상 대조색조 배색
③ 유사색상 유사색조 배색
④ 톤인톤 배색

31 퍼스널 컬러를 진단할 때, 주로 진단하게 되는 신체 부위가 아닌 것은?

① 모발색
② 입술색
③ 얼굴 피부색
④ 눈동자색

32 가을 타입의 특징을 가장 잘 설명한 것은?

① 장밋빛 홍조 띤 뺨을 가지고 있다.
② 투명하고 얇은 피부가 특징이다.
③ 노르스름하고 매트한 피부이다.
④ 눈동자 흰자와 검은자의 콘트라스트가 가장 강하다.

33 겨울 타입의 특징을 가장 잘 설명한 것은?

① 차분한 이미지의 오클 계열 피부톤을 가지고 있다.
② 큐트하고 사랑스러운 이미지이다.
③ 머리카락과 눈동자색이 다크 브라운이다.
④ 강하고 카리스마 있는 이미지를 가진다.

34 봄 이미지에 가장 잘 어울리는 배색은?

① 그라데이션 배색

② 트리콜로 배색

③ 토널 배색

④ 다색 배색

35 핑크빛의 흰색 피부에 혈색이 도는 핑크빛 피부톤을 가졌으며, 로즈 브라운의 모발색을 가진 계절 타입은?

① 봄

② 여름

③ 가을

④ 겨울

36 밝은 브라운 컬러의 모발과 노란빛을 띠는 피부톤, 피치 계열의 뺨을 가진 계절 타입은?

① 봄

② 여름

③ 가을

④ 겨울

37 경쾌하고 발랄한 봄 이미지의 사람에게 가장 거리가 먼 이미지는?

① 경쾌한

② 귀여운

③ 점잖은

④ 활동적인

38 봄 타입의 사람에게 어울리는 톤으로 가장 거리가 먼 것은?

① 라이트

② 비비드

③ 스트롱

④ 딥

39 따뜻하고 차분한 저명도의 색과 골든 브라운의 컬러가 가장 어울리는 퍼스널 컬러의 계절 타입은?

① 봄

② 여름

③ 가을

④ 겨울

40 여름 이미지를 나타낼 수 있는 색과 톤은?

① 푸른빛의 페일 톤

② 검은 회색 계열의 다크 그레이시 톤

③ 명도가 낮은 다크 톤

④ 펄이 들어간 비비드 톤

41 봄 이미지를 나타낼 수 있는 톤과 색은?

① 비비드 톤 옐로우

② 딥 톤 레드

③ 그레이시 톤 블루

④ 딜 톤 퍼플

42 4계절 타입 중 로지 베이지 또는 푸른빛이 도는 피부를 가지며, 차갑고 강한 이미지를 가진 계절은?

① 봄

② 여름

③ 가을

④ 겨울

43 신체 색상을 육안으로 측정할 때 신체 색상에 대한 설명으로 가장 거리가 먼 것은?

① 피부색 가이드와 비교하여 노르스름한 정도를 체크한다.

② 모발색을 기준으로 밝은 계열을 쿨톤, 블랙 계열을 웜톤으로 체크한다.

③ 눈동자색의 블랙 브라운은 쿨톤으로 체크한다.

④ 피부색과 모발색, 눈동자색의 전체적인 대비감도 체크해야한다.

44 퍼스널 컬러 진단 시 피부의 붉은 기를 체크할 때 사용되는 색은?

① 빨강
② 노랑
③ 초록
④ 검정

45 겨울 타입의 모발 상태 체크 결과로 가장 거리가 먼 것은?

① 딱딱한
② 굵은
③ 부드러운
④ 윤기 있는

46 페일 톤을 중심으로 한 그라데이션 배색의 로맨틱한 이미지는 어느 계절의 이미지인가?

① 봄
② 여름
③ 가을
④ 겨울

47 선명한 색의 스트라이프나 차분한 dp의 색조, 그레이 셔츠 등 콘트라스트를 더한 코디네이션이 어울리는 이미지는 어느 계절인가?

① 봄
② 여름
③ 가을
④ 겨울

48 다음의 컬러 이미지 형용사는 어떤 계절의 이미지인가?

도회적인, 고품격, 실용적인, 이지적인, 냉정한

① 봄
② 여름
③ 가을
④ 겨울

49 가을 이미지 피부톤 메이크업으로 가장 옳은 것은?

① 건강미 강조와 입체감 있는 피부 표현
② 혈색과 광택감을 강조
③ 볼 주변의 붉은 기를 커버한다.
④ 핑크빛의 파운데이션으로 피부톤을 커버한다.

50 여름 유형의 액세서리 코디 중 가장 잘 어울리는 것은?

① 골드컬러의 액세서리
② 산호
③ 실버 계열의 액세서리
④ 터키석

51 여름 이미지 색상 중 가장 어울리지 않는 것은?

① 그레이
② 오렌지
③ 핑크
④ 로즈 브라운

52 퍼스널 컬러 코디네이션의 유의사항으로 틀린 것은?

① 피부색에 따라 헤어 컬러를 선택하여 얼굴과 조화되는 자연스러운 이미지를 연출한다.
② 유행하는 아이섀도 색을 사용하여 눈 화장에 포인트를 준다.
③ 퍼스널 컬러도 중요하지만 고객의 취향과 의사를 수용해야 한다.
④ 시간, 장소, 목적을 고려하여 의상, 헤어 등 전체적인 이미지와 조화되도록 한다.

53 가을 이미지를 설명하는 말 중에서 가장 어울리지 않는 것은?

① 내추럴
② 고저스
③ 다이내믹
④ 클래식

54 봄 여성의 파티에 어울리는 의상으로 가장 맞지 않는 것은?

① 큐티한 디자인의 드레스
② 실크, 시폰 등 가볍고 부드러운 소재의 디자인
③ 장식 주름이 아름다운 엘레강스한 디자인
④ 따뜻함이 있는 부드러운 색의 드레스

55 봄 남성의 비즈니스에서 활기찬 에너지 넘치는 코디로 적당하지 않은 것은?

① 녹색 빛이 도는 블루 계열의 정장에 옐로우 넥타이
② 베이지색 정장에 컬러풀한 소품 코디
③ 따뜻함이 있는 회색 정장에 밝은 색 셔츠
④ 다크한 브라운 톤으로 전체적 통일

56 메이크업 컬러의 이미지로 맞는 것은?

① 봄 – 페일 다크로 리듬감 있는 컬러
② 여름 – 비비드하며 소프트한 컬러
③ 가을 – 매트하고 깊이가 있는 컬러
④ 겨울 – 깨끗하고 밝은 컬러

57 빨간 바지와 보라색 블라우스를 착용했을 때의 배색 방법은?

① 동일 색상 배색
② 보색 배색
③ 유사 색상 배색
④ 중간차 색상 배색

58 두꺼운 천의 샤틴 등의 광택이 있는 무거운 소재나 메탈 소재감이 있는 것으로 모노톤의 기하학적, 추상적인 무늬 등과 어울리는 스타일은?

① 모던
② 내추럴
③ 클래식
④ 고저스

59 꾸미지 않은 이미지로 부드러운 천연소재의 면, 마, 져지, 울 등이 어울리는 스타일은?

① 엘레강스
② 내추럴
③ 클래식
④ 고저스

60 캐시미어나 트위드 등의 질 좋은 소재를 사용하여 품위 있고, 오랜 기간 동안 유행되어 온 스타일로 액세서리도 작은 것으로 깔끔하게 치장하는 것이 어울리는 스타일은?

① 엘레강스
② 내추럴
③ 고저스
④ 클래식

61 미국의 색채학자 파버 비렌이 탁색계를 '톤(Tone)'이라고 부르고 있었던 것에서 유래한 배색 기법은?

① 까마이외(Camaieu) 배색
② 토널(Tonal) 배색
③ 트로콜로레(Tricolore) 배색
④ 톤온톤(Tone On Tone) 배색

62 유채색 중 가장 어두운 톤은?

① 비비드 톤
② 딥 톤
③ 블래키시 톤
④ 다크 그레이시 톤

63 화이티시(wh), 페일(pl) 톤의 밝고 연한 색상과 한 색 계열 색상을 주로 사용하여 깨끗한 느낌을 갖는 이미지는?

① 맑은 이미지
② 경쾌한 이미지
③ 귀여운 이미지
④ 내추럴 이미지

64 컬러 이미지 스케일 상에서 세로축에 해당되는 기준은 무엇인가?

① 부드러운(Soft), 동적인(Dynamic)
② 부드러운(Soft), 딱딱한(Hard)
③ 동적인(Dynamic), 딱딱한(Hard)
④ 동적인(Dynamic), 정적인(Static)

65 화사하고 경쾌한 이미지의 봄 타입의 사람에게 가장 잘 어울리는 톤의 조합은?

① 비비트 톤 – 라이트 톤
② 비비드 톤 – 딜 톤
③ 그레이시 톤 – 페일 톤
④ 다크 톤 – 비비드 톤

66 푸른빛을 포함한 선명하고 입체감 있는 색상이 어울리는 계절 타입은?

① 봄
② 여름
③ 가을
④ 겨울

67 봄 타입의 사람에게 어울리는 색상으로 가장 거리가 먼 것은?

① 옐로우 그린
② 아쿠아 블루
③ 코랄
④ 다크 네이비

68 다음 중 겨울 유형의 사람에게 어울리는 컬러로 가장 거리가 먼 것은?

① 마젠타
② 코발트블루
③ 차콜 그레이
④ 크림 옐로우

69 여름 유형 코디네이션에서 가장 어울리는 배색은?

① 다색 배색
② 그라데이션 배색
③ 대조색상 배색
④ 고채도의 배색

70 겨울 이미지의 배색으로 맞는 것은?

① 강한 대비 배색
② 그라데이션 배색
③ 동색 배색
④ 유사 배색

71 봄 이미지에 가장 어울리는 톤으로 짝지어진 것은?

① 비비드 톤 – 다크 톤
② 비비드 톤 – 라이트 톤

③ 그레이시 톤 – 라이트 톤
④ 페일톤 – 그레이시 톤

72 로맨틱 메이크업에 어울리지 않는 코디네이션은?

① 부드러운 소재의 꽃무늬 원피스
② 사랑스러운 파스텔 톤을 중심으로 한 배색
③ 실버 반짝이 스팽글 장식의 미니스커트
④ 프릴이나 레이스 등의 디테일

73 퍼스널 컬러 코디네이션 전문가가 지녀야 할 구비조건에 해당되지 않는 것은?

① 권위성 – 전문가로서의 자존감을 가지고 고객의 단점을 파악한 후 전문적이고 주관적인 관점으로 개선 방향을 제시함
② 전문 지식 – 화장품, 미용, 패션, 피부의학 등에 관해 고객을 능가하는 지식을 갖춤
③ 지도력 – 올바른 어드바이스를 통해 고객의 문제를 해결하고 미적 욕구와 실현 방향을 명확히 제시함
④ 설득력 – 고객의 입장을 충분히 이해하고 고객이 무엇을 원하고 있는가를 잘 파악하여 이해하기 쉽게 해결책을 제시함

74 퍼스널 컬러 코디네이션 작업 시 고려해야 할 다음 내용 중 가장 중요하지 않는 것은?

① 고객의 사회적 위치
② 시대적 유행성
③ 고객의 미적 욕구
④ 작업자의 의도

75 여름 유형 코디네이션에서 가장 어울리는 배색은?

① 다색 배색
② 그라데이션 배색
③ 대조 색상 배색
④ 고채도의 배색

76 봄 이미지에 어울리는 스타일이 아닌 것은?

① 프리티
② 시크
③ 스포티
④ 캐주얼

77 노란 셔츠와 밝은 주홍색 블라우스를 착용했을 때의 배색 방법은?

① 동일 색상 배색
② 유사 색상 배색
③ 보색 배색
④ 중간차 색상 배색

78 보수적인 성향이 강한 사무직의 의상 색으로 적당한 것은?

① 채도가 높은 주황
② 무늬가 큰 녹색
③ 색상 대비가 강한 노랑
④ 저채도의 어두운 파랑

79 봄 남성의 비즈니스에서 활기찬 에너지 넘치는 코디로 적당하지 않은 것은?

① 녹색 빛이 도는 블루 계열의 정장에 옐로우 넥타이
② 베이지색 정장에 컬러풀한 소품 코디
③ 따뜻함이 있는 회색 정장에 밝은 색 셔츠
④ 다크한 네이비 계열의 색상으로 전체적 통일

80 다음의 컬러 이미지 형용사는 어떤 계절의 이미지인가?

> 순수한, 부드러운, 신선한, 투명한, 깔끔한

① 봄
② 여름
③ 가을
④ 겨울

정답 및 해설 p.102

01 바나나가 노란 것은 무슨 색을 반사하기 때문인가?

① 빨강
② 노랑
③ 초록
④ 파랑

02 해질 무렵에는 낮에 화사하게 보이던 빨간 꽃이 거무스름해져 어둡게 보이고, 연한 파랑이나 초록의 꽃들이 밝게 보인다. 이러한 현상을 무엇이라 하는가?

① 색음 현상
② 푸르킨예 현상
③ 대비 현상
④ 동화 현상

03 형광등의 방에서 백열등이 켜진 방으로 이동하면, 처음에는 조명의 색이 반영되어 사물이 노랗게 보이지만, 점차 적응하여 원래의 물체색을 인지하게 된다. 이러한 현상을 무엇이라 하는가?

① 명순응
② 암순응
③ 색순응
④ 색지각

04 망막의 같은 부분에 2개 이상의 색이 매우 빠른 속도로 번갈아 도달하면 각각의 색자극이 식별되지 못하고 혼색된 상태로 보이게 된다. 이러한 혼색을 무엇이라 하는가?

① 감법 혼색
② 병치 혼색
③ 계시 혼색
④ 동시 혼색

05 혼색에 관한 설명 중 가장 바른 것은?

① 빨간색과 초록색 잉크를 섞으면 원래의 두 색보다 밝은 색이 생긴다.
② 파란색과 노란색 잉크를 겹쳐 인쇄하면 흰색이 출력된다.
③ 노란색 씨실과 파란색 날실로 짜인 직물은 멀리서 보면 초록색으로 보인다.
④ 회전 원판으로 빨간색과 초록색을 혼색하면, 원래의 색보다 밝은 회색이 생긴다.

06 다음 중 KS 색 체계의 명도의 범위가 잘못 짝지어진 것은?

① N9.5~N7 : 고명도
② N6~N4 : 중명도
③ N3~N1.5 : 저명도
④ N12~N9.5 : 고명도

07 안료의 3원색인 마젠타, 옐로우, 블루 컬러를 일정한 비율로 혼합하였을 때 나타나는 색은?

① 흰색
② 검은색
③ 갈색
④ 회색

08 다음 중 중성색이 아닌 것은?

① 그린

② 자주

③ 빨강

④ 보라

09 색을 감지하는 세포에 대한 설명으로 가장 올바른 것은?

① 간상체는 밝은 곳에서 활동이 활발하다.

② 간상체는 빛의 밝고 어두움만 감지한다.

③ 추상체는 어두운 곳에서 활동이 활발하다.

④ 추상체는 빛의 파장에 따라 5가지로 분류된다.

10 인간의 눈 구조 중 카메라의 렌즈에 해당하는 곳은?

① 수정체

② 홍채

③ 망막

④ 동공

11 형광등 아래의 빨간색이 백열등 아래서도 같은 빨간색으로 지각되는 원리를 무엇이라 하는가?

① 색의 항상성

② 대비 현상

③ 동화 현상

④ 명순응

12 명도가 같고 색상이 다른 두 색의 색상 대비 효과를 증가시키기 위하여 어떻게 하는 것이 좋은가?

① 채도를 높인다.

② 채도를 낮춘다.

③ 명도를 높인다.

④ 명도를 낮춘다.

13 암순응 현상을 느낄 수 있는 장소는?

① 운동장

② 영화관

③ 마트

④ 학교

14 두 가지 이상의 색을 동시에 인접시켜 볼 때, 단독으로 있을 때보다 색상의 차이가 더 크게 느껴지는 현상을 무엇이라 하는가?

① 색상 대비

② 명도 대비

③ 보색 대비

④ 채도 대비

15 색의 3속성 중 무게감에 가장 큰 영향을 미치는 속성은?

① 색상

② 채도

③ 톤

④ 명도

16 다수의 색상이 존재할 때, 다른 색보다 쉽게 지각되는 정도 또는 눈에 쉽게 띄는 정도를 무엇이라 하는가?

① 식별성

② 주목성

③ 정서성

④ 가독성

17 예로부터 우리나라에서는 색으로 방위를 표시하였다. 색과 방위가 바르게 연결된 것은?

① 동쪽 – 청색
② 북쪽 – 빨강
③ 남쪽 – 흰색
④ 서쪽 – 검정

18 다음 중 오간색과 거리가 먼 색은?

① 녹색
② 백색
③ 자색
④ 유황색

19 다음 색 중에서 가장 채도가 높은 색은?

① 7.5Y 3/8
② 7.5R 7/5
③ 6Y 9/12
④ 10B 2/7

20 L*a*b* 색 체계에서 노란색을 증가시키려면 좌표상 어떤 방향으로 이동해야하는가?

① +L 방향
② +a* 방향
③ +b* 방향
④ –a* 방향

21 그림은 먼셀 색 체계를 나타낸 것이다. 가, 나, 다에 해당하는 것은?

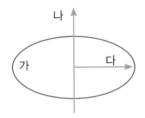

① 색상, 채도, 명도
② 채도, 명도, 색상
③ 색상, 명도, 채도
④ 채도, 명도, 색상

22 먼셀 색입체를 수평으로 자른 면은 3속성 중 어느 것이 동일한가?

① 색상
② 명도
③ 채도
④ 뉘앙스

23 관용색명 중에서 색명의 유래가 식물에서 따온 것은?

① 세피아(Sepia)
② 샐먼 핑크(Salmon pink)
③ 피콕그린(Peacock green)
④ 라일락(Lilac)

24 동일 색상의 두 가지 명도차가 큰 톤의 색끼리 배색하는 것을 무엇이라 하는가?

① 톤온톤 배색
② 토널 배색
③ 세퍼레이션 배색
④ 톤인톤 배색

25 프랑스 국기에서 볼 수 있는 배색으로 세 가지 색 이상으로 배색하는 것은?

① 그라데이션 배색

② 트리콜로 배색

③ 도미넌트 배색

④ 악센트 배색

26 배색과 그에 따른 이미지를 연결한 것으로 옳은 것은?

① 악센트 배색 – 부드럽고 차분한 느낌

② 동일 색 배색 – 무난하면서 온화한 느낌

③ 유사 색 배색 – 강하고 생동감 있는 느낌

④ 그라데이션 배색 – 개성 있고 아방가르드한 느낌

27 전통성과 윤리성이 존중되며, 깊이감과 격조감 있는 어두운 색조를 기조색(Base color)으로 갖는 이미지는?

① 은은한 이미지

② 귀여운 이미지

③ 고상한 이미지

④ 내추럴 이미지

28 쿨톤의 핑크빛의 피부톤에게 가장 잘 어울리는 컬러는?

① 페일 핑크

② 올리브 그린

③ 골든 옐로우

④ 다크 브라운

29 봄 타입의 특징을 가장 잘 설명한 것은?

① 밝고 노란 빛의 투명한 피부를 가지고 있다.

② 세련되고 우아한 인상이 특징이다.

③ 푸른빛이 도는 검정 눈동자를 가지고 있다.

④ 윤기가 없고 볼륨 있는 머릿결을 가지고 있다.

30 가을 이미지에 대한 설명으로 가장 알맞은 것은?

① 소극적인

② 여성스러운

③ 생기 넘치는

④ 고상한

31 퍼스널 컬러의 계절별 이미지로 가장 거리가 먼 조합은?

① 봄 – 고급스러움

② 여름 – 여성스러움

③ 가을 – 세련됨

④ 겨울 – 도시적임

32 여름 타입의 사람에게 어울리는 톤으로 가장 거리가 먼 것은?

① 라이트 그레이시

② 다크

③ 소프트

④ 페일

33 봄 타입의 사람에게 어울리는 이미지로 가장 거리가 먼 것은?

① 프리티

② 로맨틱

③ 클래식

④ 스포티

34 '도회적인, 실용적인, 이지적인, 냉정한'의 형용사는 어느 계절의 타입과 어울리는가?

① 봄
② 여름
③ 가을
④ 겨울

35 여름 타입의 피부 체크로 올바른 것은?

① 매트하다, 도자기 같다
② 까맣다, 광택 있다
③ 혈색이 좋다, 부드럽다
④ 탄력있다, 매끈하다

36 따뜻하고 차분한 인상의 저명도의 색과 고전적인 브라운 계열이 잘 어울리는 계절은?

① 봄
② 여름
③ 가을
④ 겨울

37 가을 이미지를 표현하는 말 중에서 잘못된 것은?

① 트위드, 울의 질감과 헤링본, 페이즐리 무늬가 어울린다.
② 따뜻하고 깊이가 있는 차분한 색으로 이루어져있다.
③ 내추럴한 느낌의 면 소재에 작은 꽃모양, 체크 등 귀여운 무늬가 어울린다.
④ 브라운, 그린 계열의 다양성과 자연계의 풍부한 색이 느껴진다.

38 가을 이미지를 설명하는 말 중에서 가장 어울리지 않는 것은?

① 내추럴
② 다이내믹
③ 고저스
④ 클래식

39 봄 이미지 색으로 어울리지 않는 색상은?

① 코발트블루
② 옐로우
③ 아쿠아 블루
④ 피치

40 메이크업 컬러의 이미지로 맞는 것은?

① 봄 – 페일 다크로 리듬감 있는 컬러
② 여름 – 비비드하며 소프트한 컬러
③ 가을 – 매트하고 깊이가 있는 컬러
④ 겨울 – 깨끗하고 밝은 컬러

41 퍼스널 컬러 코디네이션 작업 시 전체가 평범하고 단조로운 색에 대해 강조하고 싶은 부분에 시선을 집중시키는 배색 기법은?

① 콤플렉스 배색
② 악센트 배색
③ 그라데이션 배색
④ 세퍼레이션 배색

42 세련되고 화려한 느낌의 겨울 메이크업 색상으로만 연결된 것은?

① 골드 – 카키

② 와인 – 실버

③ 옐로 – 그린

④ 블루 – 화이트

43 푸른빛이 도는 화이트 셔츠가 가장 잘 어울리는 계절 이미지는?

① 봄

② 여름

③ 가을

④ 겨울

44 여름 남성의 비즈니스정장에 어울리는 색조는 무엇인가?

① 그레이, 블루의 ltgy

② 블루의 dk, dp

③ 갈색의 dl, ltgy

④ 청록색의 dk, dp

45 겨울 남성의 코디네이트 중 맞지 않는 것은?

① 검정 정장과 연보라색 셔츠 코디

② 따뜻함이 있는 브라운, 오렌지 계열 코디

③ 네이비 블루 셔츠와 화이트 재킷 코디

④ 회색 정장과 코발트블루 넥타이 코디

46 보수적인 성향이 강한 사무직 의상의 색으로 적당한 것은?

① 채도가 높은 주황

② 무늬가 큰 녹색

③ 색상 대비가 강한 노랑

④ 저채도의 어두운 파랑

47 성숙한 분위기 속에 어딘가 사랑스러운 이미지, 오건디 등의 부드러움, 팽팽함이 있는 소재로 색을 많이 사용한 것이 어울리는 스타일은?

① 큐트

② 내추럴

③ 클래식

④ 고저스

48 여성스러우며 세련된 품위 있는 스타일, 성숙하고 고상한 우아한 분위기가 어울리는 스타일은?

① 엘레강스

② 내추럴

③ 클래식

④ 고저스

49 겨울 이미지에 해당하는 가장 적합한 이미지 연출은?

① 귀여운 느낌의 배색

② 여성스러움을 강조한 배색

③ 샤프함을 더하는 대비 배색

④ 호화롭고 화려한 배색

50 겨울 이미지의 배색으로 맞는 것은?

① 강한 대비 배색

② 그라데이션 배색

③ 동색 배색

④ 유사 배색

51 퍼스널 컬러란 무엇인가? (서술형)

52 봄 이미지에 해당하는 사람에게 어울리는 헤어, 메이크업 연출법에 대하여 설명하시오. (서술형)

53 여름 이미지에 해당하는 사람에게 어울리는 헤어, 메이크업 연출법에 대하여 설명하시오. (서술형)

54 겨울 이미지에 해당하는 사람에게 어울리는 헤어, 메이크업 연출법에 대하여 설명하시오. (서술형)

01	02	03	04	05	06	07	08	09	10
③	④	③	②	④	④	③	④	③	③
11	12	13	14	15	16	17	18	19	20
④	①	④	④	③	①	①	④	②	④
21	22	23	24	25	26	27	28	29	30
②	④	③	③	③	②	②	①	②	④
31	32	33	34	35	36	37	38	39	40
③	③	③	②	②	③	④	①	③	④
41	42	43	44	45	46	47	48	49	50
④	④	②	④	①	④	①	②	②	④
51	52	53	54	55	56	57	58	59	60
①	②	④	①	①	①	②	①	②	③
61	62	63	64	65	66	67	68	69	70
①	④	④	②	①	④	③	②	③	②
71	72	73	74	75	76	77	78	79	80
①	③	③	③	①	②	③	④	③	③

01 색지각의 3요소는 광원(빛), 물체(반사체), 관찰자의 감각기관(눈)이다.

03 모양체는 맥락막과 홍채의 가장자리를 잇는 직삼각형의 조직으로, 수정체의 두께를 조절하는 조직이다.

05 밝은 색은 어두운 색보다 크게 보인다.

06 무수한 작은 점이나 선을 먼 거리에서 보면 색이 혼색되어, 하나하나의 색이 아닌 합쳐진 다른 색으로 보이는 것을 병치 중간 혼합이라고 한다.

07 유채색에 무채색이 섞이면 채도가 낮아진다.

09 한색은 푸른 계열의 차가운 색, 난색은 붉은색 계열의 따뜻한 색이다. 색상환에서 마주보는 반대색을 보색이라 한다.

11 망막은 카메라의 필름과 같은 역할을 한다.

12 가산 혼합은 빛의 혼합으로 색을 혼합할수록 밝아지는 현상이며, 가산 혼합의 3원색은 RGB이다.

13 평화, 고요, 안전을 연상시키는 색은 초록색이며, 검정은 밤, 연탄, 죽음, 허무, 절망 등을 연상시키는 색 근성의 원리, 유사성의 원리, 명료성의 원리

27 무채색과 유채색의 배색은 깨끗한 이미지를 표현하는 맑은 이미지나 대조가 심한 분리 배색으로 다이내믹, 모던 이미지 배색에 사용된다.

31 레페티션 배색은 반복 배색을 뜻한다.

33 라이트(light, 밝은) 톤은 비비드 톤에 흰색을 소량 섞어 만든 톤으로 밝고 맑다.

34 프랑스 국기는 트리콜로 배색이다.

36 ③ 선호색에 대한 설명이다. 선호색과 퍼스널 컬러가 일치하는 경우가 많긴 하지만, 이론적 개념은 다르므로 유의한다.

37 페일 핑크, 화이티시 블루, 라일락 같이 파스텔 톤의 색은 쿨톤의 여름 유형에 어울린다.

38 겨울 타입은 채도가 높거나 콘트라스트가 높은 배색이 어울린다.

39 가을 타입은 다소 짙은 웜톤의 피부와 다크 브라운의 눈동자를 가진 것이 특징이다.

42 겨울 유형은 비비드 톤과 다크, 화이티시, 블래키시 톤 등이 잘 어울린다.

48 진단천을 이용해서 퍼스널 컬러를 진단할 때 의상은 흰 천 등을 이용하여 가려주는 것이 좋다.

49 굵은 모발은 가을과 겨울 타입에서 나타난다.

50 봄의 이미지는 톤은 밝고 경쾌한 비비드, 라이트 톤 등이 어울린다.

51 봄 타입은 밝고 화사한 이미지로 고명도, 고채도의 다색 배색이 어울린다.

52 동일 색인 자주색의 명도 대비, 즉 톤온톤(Tone on Tone) 배색이다.

56 그라데이션과 동색 배색은 여름 이미지 배색에 어울린다.

58 여름 타입은 부드러운 인상과 온화한 분위기로 그레이나 짙은 그레이시 블루에서 옅은 블루까지 블루 계열의 풍부한 색들이 잘 어울린다.

59 여름 이미지는 동색계의 톤온톤의 그라데이션 배색이 적합하다.

60 다이내믹은 겨울 이미지에 적합하다.

61 와인컬러는 가을, 겨울 이미지 색상에 적합하다.

62 보색 대비는 색상 대비와 마찬가지로 채도가 가장 높을 때 강렬한 이미지를 주며, 명도와 채도 대비가 함께 이루어지면 대비감이 약해진다.

66 레드 브라운은 가을 유형에 어울린다.

67 퍼스널 컬러 진단에 따라 메이크업 색상을 선택한다.

69 육안 체크 시, 모발색은 밝은 계열이 웜톤, 블랙 계열이 쿨톤이다.

74 가을 타입은 웜톤으로 누르스름하고 탄력 있는 피부가 특징이다.

75 봄 타입은 웜톤으로 노란 기가 도는 밝고 투명한 피부가 특징이다.

76 점잖은(Courtesy) 이미지는 저채도, 저명도의 덜(dl), 다크(dk) 톤 등을 이용하여 딱딱하고 탁한 무거운 느낌이 되도록 배색한다.

77 세퍼레이션 배색은 분리색으로 주로 무채색을 사용하며, 제품에 사용할 경우 금색, 은색 등의 메탈릭 컬러가 쓰이기도 한다.

78 귀여운 어린아이들의 천진난만한 밝은 이미지로 비비드(vv), 라이트(lt), 페일(pl) 톤 등을 주로 사용한다.

79 배색 이미지 스케일은 비슷한 느낌의 배색끼리 묶어 각 그룹에 '귀여운, 맑은, 화려한' 등의 12개의 키워드를 부여한 후 몇 개의 그룹을 만들어서 배색이 가진 특징과 그 차이를 명확히 알 수 있다.

80 톤인톤(Tone In Tone) 배색은 색상에 차이를 주면서 같거나 유사한 톤으로 배색한다. 온화하고 부드러운 효과를 준다.

01	02	03	04	05	06	07	08	09	10
②	①	①	①	④	①	①	②	①	④
11	12	13	14	15	16	17	18	19	20
④	②	③	②	③	③	④	④	①	②
21	22	23	24	25	26	27	28	29	30
②	③	④	④	①	③	④	①	①	②
31	32	33	34	35	36	37	38	39	40
②	③	④	②	②	④	②	④	③	①
41	42	43	44	45	46	47	48	49	50
①	④	②	①	③	②	④	④	①	③
51	52	53	54	55	56	57	58	59	60
②	②	④	④	④	③	③	①	②	④
61	62	63	64	65	66	67	68	69	70
②	③	②	①	④	③	④	④	②	①
71	72	73	74	75	76	77	78	79	80
②	③	①	④	②	②	②	④	④	②

01 적외선, 자외선, 라디오파 등은 눈에 보이지 않으며, 눈에 보이는 광선은 가시광선이라 한다.

04 일반적으로 난색은 진출색, 팽창색, 흥분색이고, 한색은 후퇴색, 수축색, 진정색이다.

05 명도는 밝고 어두움을 의미하는 말로, 무채색과 유채색의 모든 색이 밝고 어두운 명도의 특성을 지닌다.

06 가산 혼합의 방정식
- 파랑(B) + 초록(G) = 사이언(C)
- 초록(G) + 빨강(R) = 노랑(Y)
- 파랑(B) + 빨강(R) = 마젠타(M)
- 파랑(B) + 초록(G) + 빨강(R) = 흰색(W)

08 380~780nm의 파장으로 물체에서 반사되어 지각되는 색의 속성을 색상이라 한다.

09 파장이 긴 색은 붉은색 계열의 색이다.

10 어떤 대상을 보고 머릿속에 구체적 또는 추상적인 단어가 떠오르게 되는 현상을 연상이라고 한다.

11 분홍색은 갈색에 비해 명도가 높고, 연두색은 갈색에 비하여 명도가 높다.

12 가법혼색의 3원색은 레드(Red), 그린(Green), 블루(Blue)이다.

13 감산혼합은 혼합할수록 검은색에 가까워지는 안료의 혼합 현상으로, 기본 3원색은 마젠타(M, 빨강), 옐로우(Y, 노랑), 사이언(C, 파랑)이다.

14 같은 색이라도 면적이 넓은 곳에 적용하면 명도와 채도가 증가하여 더 선명하고 밝아 보인다. 이를 면적대비 현상이라 한다.

15 채도와 명도가 낮은 색일수록 색이 수축되어 보인다.

16 흰색, 회색, 검은색과 같이 색상과 채도가 없는 색을 무채색(뉴트럴 컬러)라고 한다.

17 색을 탁한 색조 위에 놓으면 선명해 보이고, 채도가 더 진한 색 위에서는 더 탁하게 보인다. 이와 같이 탁한 색과 선명한 색 사이에 생기는 대비를 채도 대비라고 한다.

18 북쪽, 겨울, 현무 등을 상징하는 색은 흑색(검은색)이다.

19 미국의 먼셀이 창안한 먼셀표색계는 우리나라 공업규격(KS A 0062-71 : 색의 3속성 표기 방법)과 교육용(교육부고시 제312호)으로 채택되어 사용하고 있다.

20 저드의 색채조화 원리 : 질서의 원리, 친근성의 원리, 유사성의 원리, 명료성의 원리

21 3속성은 색상, 명도, 채도이다.

22 PCCS는 일본색채연구소가 1964년에 발표한 색채조화교육용 배색체계이다.

23 피콕(peacock, 공작 꼬리의 색)은 동물의 이름이다.

25 세퍼레이션은 분리 배색이라는 뜻으로 분리색을 삽입하여 색을 조화시키는 방법이다. 레페티션 배색은 반복 배색을 뜻한다.

27 그라데이션 배색은 색이 점진적으로 변화되는 배색 방법이다.

28 페일 톤은 비비드 톤에 약 6배의 흰색을 섞어 만든 부드럽고 가벼운 톤이다. 여성스럽고 맑은 이미지를 표현하는데 활용된다.

29 귀여운 어린아이들의 천진난만한 밝은 이미지로 비비드(vv), 라이트(lt), 페일(pl) 톤 등을 주로 사용한다.

30 대조색상 대조색조 배색은 동적이고 강한 이미지를 준다.

31 퍼스널 컬러는 주로 피부색, 눈동자색, 모발색을 기준으로 진단한다.

32 가을 타입은 웜톤으로 노르스름하고 매트한 피부가 특징이다.

33 겨울 타입은 쿨톤으로 블랙이나 다크 브라운의 헤어와 눈동자색을 가진다.

34 봄 타입은 귀엽고 캐주얼한 이미지로, 비비드 톤과 라이트 톤을 중심으로 다색 배색이 잘 어울린다.

35 여름 타입은 쿨톤으로 핑크빛 피부톤과 로즈 브라운, 라이트 브라운의 모발색이 특징이다.

37 점잖은 이미지는 가을 유형의 사람에게 더 잘 어울리는 이미지이다.

38 딥 톤, 덜 톤은 가을 타입의 사람에게 더 잘 어울린다.

43 육안 체크 시 모발색은 밝은 계열이 웜톤, 블랙 계열이 쿨톤이다.

44 빨강은 피부의 붉은 기와 조화감을 체크할 수 있다.

45 부드러운 모발은 봄과 여름 타입에서 나타난다.

47 겨울 타입은 콘트라스트를 강조한 배색이 잘 어울린다.

50 터키석은 민속풍의 내추럴 이미지 연출에 적합하다.

51 오렌지는 봄에 잘 어울리는 색상이다.

52 퍼스널 컬러 진단에 따라 메이크업 색상을 선택한다.

53 다이내믹은 겨울 타입이다.

54 장식 주름의 우아한 드레이핑은 여름 여성에게 적합하다.

55 다크한 브라운 계열은 가을 남성에게 적합하다.

56 가을 메이크업 컬러는 전체적으로 차분하고 깊이감 있는 컬러가 어울린다.

61 ① 까마이외(Camaieu) : 하나의 색을 미세하게 명도, 채도차를 주어 그리는 단채화법을 의미한다.
② 토널(Tonal) : 중명도, 중채도의 덜(dull) 톤을 중심으로 한 탁색계를 사용한 배색이다.
③ 트로콜로레(Tricolor) : 세 가지 색 이상으로 배색하는 것을 말한다.
④ 톤온톤(Tone On Tone) : 톤을 겹친다는 의미로, 동일 색상의 명도차가 큰 톤의 색을 선택하여 배색하는 것을 말한다.

64 컬러 이미지 스케일 상에서 세로축은 '부드러운(Soft), 딱딱한(Hard)'이다.

67 다크 네이비 컬러는 겨울 타입의 사람에게 더 잘 어울린다.

68 크림옐로우 컬러는 봄 타입의 사람에게 더 잘 어울린다.

69 다색, 고채도 배색은 봄 유형에 잘 어울린다.

70 겨울이미지 배색은 콘트라스트의 대비감을 준다.

71 봄 이미지는 밝고 선명한 톤이 어울린다.

73 권위성 – 상대가 존중할 수 있는 모습과 고객의 의견과 주변상황을 고려하여 일에 임한다.

74 작업자의 의도가 고객의 욕구보다 우선되어서는 안 된다.

75 봄 유형은 다색과 고채도 배색이 어울린다.

76 시크는 여름과 겨울 이미지에 어울린다.

79 다크한 계열은 가을, 겨울 남성에게 적합하다.

제3회 정답 및 해설(1급 대비)

01	02	03	04	05	06	07	08	09	10
②	②	③	③	③	④	②	③	②	①
11	12	13	14	15	16	17	18	19	20
①	①	②	①	④	②	①	①	③	③
21	22	23	24	25	26	27	28	29	30
③	②	④	①	③	②	③	①	①	④
31	32	33	34	35	36	37	38	39	40
①	②	③	④	③	③	③	②	①	③
41	42	43	44	45	46	47	48	49	50
②	②	④	①	②	④	④	①	③	①

01 물체의 표면에서 반사되는 표면색이 노랑이므로 노란색으로 지각한다.

02 암소 시의 매우 어두운 상태에서 단파장 영역의 밝기 감도가 높아져 푸른색이 다른 색에 비해 밝게 보이고, 붉은색의 장파장 영역의 색들은 어둡고 탁하게 보이는 현상을 푸르킨예 현상이라고 한다.

05 ① 잉크는 감법혼색으로, 보색끼리 섞으면 어두운 회색이 만들어진다.
② 파란색과 노란색 잉크를 겹쳐 출력하면 초록색이 인쇄된다.
④ 회전원판에 의한 혼색은 중간 혼색이므로, 두 색의 중간 밝기의 색으로 보인다.

06 명도의 범위는 N9.5~N1.5로, 숫자가 높을수록 고명도이다.

08 빨강, 주황, 노랑은 따뜻한 색이다.

09 간상체는 명암만을 구별하고, 추상체는 색상을 구분하는 세포이다. 추상체는 빛의 파장에 따라 단파장, 중파장, 장파장의 3가지로 분류된다.

10 눈의 구조 중 수정체는 카메라의 렌즈에 해당하며, 수정체의 굴곡 조절에 따라 맺어진 상이 필름에 해당하는 망막에 맺혀 보이게 된다.

11 광원이 변해도 항상 같은 색으로 지각되는 것을 색의 항상성이라 한다.

12 색상 대비에서 명도가 같을 경우, 채도가 높아지면 대비 효과가 증가된다.

13 암순응은 밝은 곳에서 어두운 곳으로 들어가면, 처음에는 잘 보이지 않다가 어둠에 익숙해져 점차 보이게 되는 현상을 말한다.

15 명도가 높을수록 가볍게 느껴지고, 낮을수록 무겁게 느껴진다.

17 북쪽(검정), 남쪽(빨강), 서쪽(흰색), 중앙(노랑)을 의미한다.

18 오간색은 녹, 자, 홍, 벽, 유황색이며, 백색은 오정색의 하나이다.

19 먼셀의 색 표기법인 H V/C에서 H는 색상, V는 명도, C 채도로 표시하며 C(채도)값이 높을수록 선명한 색이 된다.

20 * L*: 밝기, a*: + 빨강 – 초록, b*: + 노랑 – 파랑

26 ① 악센트 배색 : 강조 배색의 의미로, 기존색과 반대되는 강조색을 사용하여 악센트를 주는 배색이다.
③ 유사 색 배색 : 유사 색을 사용한 배색은 동일 색 배색과 같이 무난하고 편안한 배색이다.
④ 그라데이션 배색 : 연속 배색으로, 색의 3속성(색상, 명도, 채도) 중 하나 이상의 속성이 단계적으로 변화하도록 배색하는 것이다. 자연스러운 리듬감이 특징이다.

27 고상한 이미지는 깊이감이 있는 어두운 색조를 기조색으로 유행에 좌우되지 않고 오랜 세월동안 가치가 인정되는 색상으로 베이지, 브라운, 와인 골드, 다크 그린 등이 어울린다.

28 올리브 그린, 골든 옐로우, 다크 브라운은 웜톤 유형에 잘 어울리는 컬러이다.

29 봄 타입은 웜톤으로 노란 기가 도는 밝고 투명한 피부가 특징이다.

31 봄 타입은 사랑스러운, 귀여운, 로맨틱한, 캐주얼한 등의 형용사 이미지가 잘 어울린다.

32 여름 유형은 화이티시, 소프트, 라이트 그레이시 등 흰색이 다소 많이 섞인 밝은 컬러가 잘 어울린다.

33 클래식 이미지는 가을 유형의 사람에게 더 잘 어울린다.

36 가을색은 명도, 채도가 낮아 선명하지 않고 자연색에 가까우며 우아하고 고전적인 여성스러운 이미지를 지니고 있다.

37 봄 이미지는 내추럴한 느낌의 면 소재에 작은 꽃모양, 체크 등 귀여운 무늬가 어울린다.

38 다이내믹은 겨울 이미지에 적합하다.

39 코발트블루는 겨울 이미지 색상에 적합하다.

40 가을 메이크업 컬러는 전체적으로 차분하고 깊이감 있는 컬러가 어울린다.

42 • 옐로 – 그린 : 봄
 • 블루 – 화이트 : 여름
 • 골드 – 카키 : 가을
 • 와인 – 실버 : 겨울

44 여름 타입은 부드러운 인상과 온화한 분위기로 그레이나 짙은 그레이시 블루에서 옅은 블루까지 블루 계열의 풍부한 색들이 잘 어울린다.

45 따뜻함이 있는 브라운, 오렌지 계열 코디는 가을 남성에게 적합하다.

51 (예시 답안)
자신이 가지고 있는 신체색, 즉 눈동자색, 피부색, 모발색과 조화를 이루어 건강하고 활기차 보이도록 하는 개개인이 가진 컬러를 퍼스널 컬러라고 한다. 퍼스널 컬러는 신체색을 기준으로 연구 이론에 따라 다양한 분류 방법이 있으나 일반적으로 웜톤, 쿨톤의 2가지 또는 봄, 여름, 가을, 겨울 4가지로 분류하며, 개개인에 어울리는 컬러를 사용하고 어울리는 이미지를 연출할 수 있도록 제안할 수 있다.

52 (예시 답안)
봄 이미지 유형의 사람은 밝고 노란 기가 도는 웜톤의 피부와 밝은 갈색의 모발과 눈동자가 특징이다. 귀엽고 사랑스러우며 발랄한 이미지가 잘 어울리므로 귀여운 이미지를 나타낼 수 있는 노랑, 연두, 피치 등 라이트 계열의 컬러를 사용하여 메이크업하고 웨이브가 있는 머리를 연출해 준다.

53 (예시 답안)
여름 타입은 밝고 홍조가 있는 쿨톤의 피부톤과 회색기가 도는 브라운 계열의 얇은 모발을 가진 사람으로, 여성스럽고 엘레강스한 이미지가 잘 어울린다. 깨끗한 피부 표현과 파스텔 계열 또는 라이트 그레이시 톤의 색상을 사용하여 메이크업을 하고, 긴 생머리 또는 자연스러운 웨이브가 있는 헤어스타일을 연출해 준다.

54 (예시 답안)
겨울 유형의 사람은 쿨톤의 피부와 블랙 또는 다크한 갈색의 모발을 가진 사람으로 도시적이고 강렬하며 개성 있는 이미지가 잘 어울린다. 원포인트 메이크업 또는 콘트라스트가 강해 보이도록 메이크업 해주고, 헤어는 짧은 커트 또는 생머리로 직선적인 느낌을 강조해주도록 한다.

퍼스널 컬러 코디네이터

필기시험 완벽 가이드

학습일 . .	질문
페이지	
단원명	
난이도 ☆☆☆	

틀린 이유	설명
□ 문제 이해 부족 □ 개념 이해 부족 □ 풀이 과정 부족 □ 기타 :	
복습일 . . .	

학습일 . .	질문
페이지	
단원명	
난이도 ☆☆☆	

틀린 이유	설명
□ 문제 이해 부족 □ 개념 이해 부족 □ 풀이 과정 부족 □ 기타 :	
복습일 . . .	

학습일 . . .	질문
페이지	
단원명	
난이도 ☆ ☆ ☆	
틀린 이유	설명
☐ 문제 이해 부족 ☐ 개념 이해 부족 ☐ 풀이 과정 부족 ☐ 기타:	
복습일 . . .	

학습일 . . .	질문
페이지	
단원명	
난이도 ☆ ☆ ☆	
틀린 이유	설명
☐ 문제 이해 부족 ☐ 개념 이해 부족 ☐ 풀이 과정 부족 ☐ 기타:	
복습일 . . .	

학습일　　.　.　.	질문
페이지	
단원명	
난이도　☆☆☆	
틀린 이유	설명
□ 문제 이해 부족 □ 개념 이해 부족 □ 풀이 과정 부족 □ 기타:	
복습일　　.　.　.	

학습일　　.　.　.	질문
페이지	
단원명	
난이도　☆☆☆	
틀린 이유	설명
□ 문제 이해 부족 □ 개념 이해 부족 □ 풀이 과정 부족 □ 기타:	
복습일　　.　.　.	

	오답노트
학습일 . .	질문
페이지	
단원명	
난이도 ☆☆☆	
틀린 이유	설명
☐ 문제 이해 부족 ☐ 개념 이해 부족 ☐ 풀이 과정 부족 ☐ 기타:	
복습일 . . .	

	오답노트
학습일 . .	질문
페이지	
단원명	
난이도 ☆☆☆	
틀린 이유	설명
☐ 문제 이해 부족 ☐ 개념 이해 부족 ☐ 풀이 과정 부족 ☐ 기타:	
복습일 . . .	

학습일	. . .	질문
페이지		
단원명		
난이도 ☆☆☆		
틀린 이유		설명
☐ 문제 이해 부족 ☐ 개념 이해 부족 ☐ 풀이 과정 부족 ☐ 기타:		
복습일 . . .		

학습일	. . .	질문
페이지		
단원명		
난이도 ☆☆☆		
틀린 이유		설명
☐ 문제 이해 부족 ☐ 개념 이해 부족 ☐ 풀이 과정 부족 ☐ 기타:		
복습일 . . .		

학습일 . . .	질문
페이지	
단원명	
난이도 ☆☆☆	
틀린 이유	설명
☐ 문제 이해 부족 ☐ 개념 이해 부족 ☐ 풀이 과정 부족 ☐ 기타:	
복습일 . . .	

학습일 . . .	질문
페이지	
단원명	
난이도 ☆☆☆	
틀린 이유	설명
☐ 문제 이해 부족 ☐ 개념 이해 부족 ☐ 풀이 과정 부족 ☐ 기타:	
복습일 . . .	

박효원 · 송서현 · 유한나 지음 | 208쪽 | 24,000원

퍼스널 컬러 코디네이터를 위한

뷰티색채학

이 책은 퍼스널 컬러 코디네이션을 위한 뷰티색채학 도서로 미용 · 뷰티관련 전문가를 꿈꾸는 학생들과 종사자는 물론, 퍼스널 컬러에 관심 있는 모든 사람에게 꼭 필요한 밑거름을 제공합니다.

☑ 풍부한 이미지와 정확한 색 차트 수록!!

☑ 컬러 계획 실전 연습을 위한 실습지 제공!!

☑ 도화용지와 PUR제본으로 실습 최적화!!

풍부한 이미지와 정확한 색 차트 수록!

컬러 계획 실전 연습을 위한 실습지(도화용지) 제공!

쇼핑몰 QR코드 ▶ 다양한 전문서적을 빠르고 신속하게 만나실 수 있습니다.

경기도 파주시 문발로 112 파주 출판 문화도시(제작 및 물류) TEL. 031) 950-6300
서울시 마포구 양화로 127 첨단빌딩 5층(출판기획 R&D센터) TEL. 02) 3142-0036

BM (주)도서출판 **성안당**

민간자격 등록번호
2015-004830

사단법인한국메이크업미용사회
KOREA MAKE-UP CENTRAL ASSOCIATION

퍼스널컬러
코디네이터
자격검정
PERSONAL COLOR COORDINATOR

누구에게나 자신의 컬러가 있습니다.

개인의 이미지에 맞는 컬러를 잘 조화 시키면 최상의 외모와
이미지 메이킹 연출을 할 수 있습니다.

퍼스널컬러코디네이터는 "그 사람에게 어울리는 컬러를 찾아
제안 하는 색채 전문가" 입니다.

컬러 유망 자격증으로 여러분의 미래를 직접 디자인하세요.

대상자

메이크업, 네일, 헤어, 미용 관련 종사자, 스타일리스트,
패션 관련 종사자 및 관련 업종 취업을 원하는 자

교육 내용

기초색채론, 색조와 이미지 배색, 퍼스널컬러,
퍼스널 컬러 진단방법, 뷰티 컨설턴트 커뮤니케이션,
퍼스널 컬러 코디네이션, 퍼스널 컬러 조색 및 배색, 3속성

접수 방법

정기시험   인터넷 홈페이지 온라인 접수
특별시험   학교, 아카데미 등의 단체 대상은 해당 담당자와 사전협의 후
시간과 장소를 정하여 시행할 수 있으며 인터넷 홈페이지에서 온라인 단체접수

시험 안내

시험 문의   02.515.1485
홈페이지 참조   www.kmakeup.or.kr

그리너리
Greenery

프림로즈 옐로우
Primrose Yellow

헤이즐넛
Hazelnut

나이아가라
Niagara

플럼 도그우드
Flam Dogwood

케일
Kale

플레임
Flame

핑크 야로우
Pink Yarrow

라피스 블루
Lapis Blue

아일랜드 파라다이스
Island Paradise

PANTONE Fashion Color Report Spring 2017   출처: 팬톤 코리아 공식 홈페이지